真♥不騙

Contents

Chapter 1

宅在家
保養頻道

Cleanser

清｜潔｜保｜養

只要養成幾個小習慣
保養效果就能提升！

每天早晚執行保養步驟前的重要工作就是清潔，清潔其實是保養的第一道步驟才對，因為正確的清潔方式關係到保養成效，而清潔並非只是將臉洗乾淨，還要照顧到角質的健康及肌膚的循環力等等，只要多幾個簡單的小動作並養成習慣，馬上就能感覺到保養效果提升了，肌膚也更加明亮了！

point
#01

以泡沫清潔臉部肌膚

A. 先在鼻子部位充分起泡

不管任何膚質，都要以足夠的泡泡來洗臉，但與其在手上起泡，建議先從最髒的鼻子部位直接搓揉起泡，並由T字部位開始清潔。

A

B

B. 兩頰的部位可稍微輕敷

接著將泡泡帶到兩頰肌膚，並稍微停留3～5秒，讓泡泡有充分的時間將毛孔髒污吸附並帶走，再輕輕按摩即可以溫水沖洗。

point
#02

卸妝前的加分小動作

先讓疲憊肌膚來點潤澤度

臉上的彩妝停留了一整天的時間，肌膚感覺又乾又累，這時不當的搓揉卸妝只會造成角質層更多的傷害。建議在卸妝前先噴上保濕噴霧潤澤肌膚後再卸妝，但如果習慣使用非乾濕兩用的卸妝油，可先等保濕噴霧吸收後再進行卸妝。

每天都可以做的微型去角質

A. 使用一般化妝棉即可

每週2〜3次的去角質總會忘記，不如每天進行微型去角質保養，而且連不適合使用顆粒性去角質產品的乾性及敏感性肌膚也OK。

B. 將化妝棉捏成球狀

只要每天晚上進行即可。將化妝棉四角抓起成為圓球狀，再沾取化妝水，油性及混合性肌膚也可以選擇能軟化角質層的化妝水。

C. 以小圓球繞圈按摩

將沾取過化妝水的化妝棉，以繞圈圈的方式擦拭全臉肌膚，有點像是拋光的感覺，尤其是T字部位及鼻翼兩旁粗大毛孔部位。

讓臉部活絡的毛巾操

A. 先於額頭左右摩擦

將毛巾以熱水浸濕擰乾後，兩手繞緊毛巾頭尾，開始左右輕輕摩擦額頭肌膚，可減緩額頭的乾燥及黯沉，增加額頭肌膚循環力。

B. 下顎部位也要運動

3C產品導致人人都是低頭族，下巴肉莫名越積越厚，同樣以毛巾左右摩擦的方式來幫助運動消減囤積，兩手稍抬高可拉回U型臉。

C. 捲起毛巾拉提兩頰

接著將毛巾捲在單手，先以左手反向拉提右臉頰，再換右手反向拉提左臉頰（毛巾如果冷卻，可再以熱水浸濕擰乾再使用）。

D. 以餘溫熱敷臉部肌膚

最後將熱毛巾對摺成小正方形，以剩下的餘溫熱敷全臉肌膚，除了增加循環力，毛孔也充分張開，可增加後續保養的吸收力。

A

B

C

D

便利的洗臉機洗顏

A. 於臉頰部位先行起泡

只要按照洗臉機規定的時間設定操作，每天使用是可以的，先沾取潔顏品於沾濕的刷頭，於面積最大的臉頰先行起泡並開始清潔。

B. T字部位可更加強

最髒的T字部位可加強清潔，尤其是鼻翼及下巴部位，通常洗臉機也都會設定好時間並提醒更換部位，但T字較油的膚質可依機型種類，於T字部位加強轉速，或每週2～3次更換去角質專用刷頭來使用。

Skin Care & Massage

基 礎 保 養 及 按 摩

維持美肌能量的源頭
一定要先做好修護

以現代環境及生活習慣來說，保養中做好保濕只是基本，幫肌膚做好修護才是王道，因為一旦維持美肌能量的源頭受損，黑色素的代謝成效不彰，肌膚更是留不住水分。另外請千萬不要小看化妝水，後續保養成分能吃進多少，得看肌膚是否有充分「開胃」，並且養成按摩習慣，5年後的你絕對會感謝自己！

乾性肌膚化妝水

以溫暖掌心按壓吸收

乾性肌膚的角質層較乾燥粗糙，不易吸收保養成分，所以使用過化妝水後，以摩擦生熱後的掌心「按壓」肌膚，手掌的溫度與力道，可以增加肌膚循環力，增加保養成分的吸收，並加壓進肌膚底層，讓乾性肌膚不易緊繃。

point
#02

油性肌膚化妝水

針對T字粗大毛孔拍打

油性肌膚最油的就是T字部位，毛孔也特別粗大，請搭配化妝棉並全臉使用過化妝水後，再針對T字部位「輕拍」，讓被油脂阻塞的毛孔可以暢通，拍出油脂，拍入保養成分，也可針對T字部位使用收斂型化妝水，調節毛孔油脂分泌。

point
#03

換季時的化妝水

濕敷化妝水加強肌力

換季時建議可「濕敷」化妝水加強肌膚抵抗力，肌底健康就不用擔心溫差導致的敏感問題。可用市售錠狀面膜布，或使用不壓邊化妝棉浸濕化妝水後，撕成數片來使用，但化妝棉請一定要完全浸濕，並敷貼於兩頰、鼻子、下巴及額頭等處，約5～10分鐘，依室溫而定。

point #04

敏弱肌膚化妝水

畫圓增加角質層保水度

敏弱肌膚主要是表皮層的保水度不夠，防護力差，所以無法對抗外界的各種狀況，如果要養出健康的皮脂膜，建議可選用濃稠型保濕化妝水，用於全臉肌膚後，以中指和無名指腹一起「畫圓」的方式加強保養成分快速滋潤角質層，進而增加表皮層的保水度，同時也能加快肌膚的循環力。

A

point #05

肌膚光透提亮術

A. 肌膚的輕拍有氧運動

臉部是很難運動的部位，所以循環力持續降低，使用完精華液後，可用四隻手指的指腹輕拍全臉，尤其是臉頰部位，慢慢會感覺微熱感，那代表肌膚已經達到循環效果，就像有氧運動一般。

肌膚光透提亮術

B. 掌心按壓蘋果肌

肌膚要有光澤度才會顯得年輕，利用掌心按壓可讓肌膚的微循環變得更好，況且手掌心相對來說是手部最厚實的部位，肌膚的溫度也高，按壓過後的位置能讓保養品有更好的吸收，自然而然也能讓本來已經睡著的肌膚漸漸甦醒，明亮度自然會提升，看起來氣色就會很好。

瞬間緊實小臉術

A. 先加強輪廓緊實度

於乳液或乳霜後，先以左手固定住太陽穴的位置並稍微往上，將整個臉頰拉提，再以右手指腹從下巴部位將整個輪廓線往太陽穴方向推。

B. 拉提臉頰對抗下垂

以左手的虎口反手緊貼右邊臉頰的鼻翼及法令紋處，往上提，將整個臉頰肌肉往上拉提，每天晚上進行6～10下，會有明顯的緊膚效果。

美顏明眸回春術

A. 掌心是熱敷好工具

使用完眼部保養品後,先將雙手掌心溫熱,用以加強保養品的吸收,及眼周肌膚的循環力,黑眼圈者請一定要試試。

B. 製造出溫熱空間

不要直接加壓於眼球部位,所以將手掌輕握拳,製造出溫熱空間並罩住雙眼,眼部的疲勞感也能因為溫熱而得到舒緩。

C. 眼尾拉提加強緊緻

以左手掌丘的部分反手輕靠右眼的眼尾,並往太陽穴的方向拉提,停留數秒後再進行3～6回,再換右手以同樣動作進行。

上鏡瞬效顯瘦術

A. 從臉部輪廓開始塑型

雙手維持指關節手勢,於下顎至臉部輪廓的部位開始「塑型」,可以稍微施點力,而且隨時都可以進行,上妝後也可以。

B. 以指關節滑至耳際

從下顎至臉部輪廓的部位一路以指關節滑到耳際部位,來回幾個回合都不限定,尤其拍照前多按摩就不用再修修臉了。

C. 捏拉耳垂帶動循環

以拇指、食指捏拉耳垂是很基本的養生方法,將耳垂自內向外拉提,力道有時輕有時重,以不會痛的力量為主,你會發現拉動耳垂時,整個頭皮都會被帶動,頭皮部位更是連結著臉部,可以提升整個頭皮與臉部肌膚的循環。

Skin Care Plus+

保｜養｜效｜果｜加｜分｜術

身邊小家電及網購小物
都能讓保養確實加分

其實大家都想知道有沒有可以不要改變習慣，但又可以增加保養效果的方法！甚至想要可以一邊看電視一邊操作的工具，是一舉兩得的概念，其實我也一樣！所以有時會趁著出國逛逛藥妝店，看看有沒有什麼新奇小物，網路購物其實也可以發現很多好東西，在我的試用之下，這些方法都很不錯喔！

point #01

美容油護膚法

A. 選擇喜歡的美容油

我很推薦植物精油與植物油混合的複方美容油，同時擁有2種植物精華的保養效果，而滴管設計較容易判斷使用量，平常為2～3滴。

B. 於掌心中溫熱

溫熱的動作並非用力的搓揉，這樣會破壞掉美容油的分子，只要將手掌相互交疊按壓，以掌心中原本的溫度來溫熱美容油即可。

C. 嗅吸芳香療法

因為成分中添加了植物精油，所以使用前可以先嗅香，同時達到芳療效果，還能讓保養心情平靜舒緩，好心情也能增加保養成效。

D. 以美容油按壓全臉

先不要急著按摩拉提，先將美容油以按壓的方式帶到全臉肌膚，包括鼻翼等縫隙部位及脖子、鎖骨都要充分使用到美容油。

E. 進行臉部拉提按摩

可參考P18所分享的上鏡瞬效顯瘦術，及P16分享的瞬間緊實小臉術來進行拉提按摩操作。

F. 髮尾的美容油修護

油脂其實全身上下都可以使用，所

以手上剩下的美容油千萬別擦掉，保養後可稍微搓揉髮尾及頭髮表面，增加光澤度並修護受損。

G. 粗糙部位也需要滋潤

女性最容易忽略掉手肘及膝蓋的保養，平常除了可以抹上美容油外，去完角質後使用的效果會更好。

H. 別讓雙手透露年齡

每次去做美甲時，美甲師幫雙手保養的產品都是美容油，所以保養剩下的美容油可以按摩一下手部，也可以攜帶小ML數隨時保養。

I. 混合保養品一起使用

如果不想在保養流程中多一道步驟，或是美容油的初學者，可以將美容油滴入精華液、乳液或乳霜中一起使用，再依季節調整使用量。

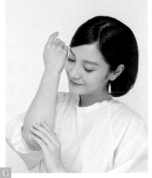

吹風機熱脹冷縮法

距離20cm吹暖肌膚

先將吹風機的聚風口取下,在保養前以弱暖風模式距離20cm吹臉,因為熱脹冷縮原理可以讓毛孔張開,增加後續保養品的吸收力,建議可使用旅行用小吹風機,風力較弱,也較不容易讓臉部肌膚乾燥。

保濕噴霧萬用保養法

任何時刻都可以噴一下

手持一瓶保濕噴霧能讓保養彩妝更加完美,包括保養前噴可前導醒膚,保養後噴可加強保濕,妝前噴可提升持妝度,妝後噴可定妝,連補妝也很需要,另外包括曬後鎮定,立即降溫舒緩肌膚這部分,更是亞洲氣候不可缺的必需品。

"額頭"

"眼周"

"鼻翼"

"下巴"

"肩頸"

全方面居家音波拉提效果

金屬拉提滾輪保養法

這種金屬滾輪可以讓你享有居家音波拉提效果，滾輪設計為
360度鑽石切面，所以可以緊貼並確實微刺激每吋肌膚。先使
用保養品後，以拿湯匙的手勢握住手把，從額頭開始由內向外
滾動，接著是眼部的淋巴按摩，臉頰的拉提，下巴輪廓線的塑
型，及由上往下的脖子淋巴排毒按摩等，冰涼材質還能鎮定並
緊縮毛孔。

敷完面膜後的再利用

A. 以面膜敷於後頸部

很多女性都忘了自己
看不到的部位也得美
美的,那就是後頸及肩膀,使用過的臉部面膜其實都還很濕
潤,可對折緊貼於後頸約5分鐘。

B. 以面膜敷於兩肩肌膚

也可以將用過的面膜剪一半,貼於左右兩肩約5分鐘,尤其是
去完角質後效果更好,而且任何一種面膜都可以利用,徹底
運用。

蘋果肌活化按摩小物

加強膨潤的蘋果肌

這是在日本藥妝店購入的局部塑
顏按摩滾輪,隨著三個可活動滾
輪在臉頰上滾動拉提,可以加強
蘋果肌的循環力並活化。

LED保水度感應器

天天補水不求人

這款保養品的瓶蓋有內嵌LED保水度感應器，每天早上保養時，可先養成測量肌膚保水度的習慣，以3顆燈為標準，保水度不足時，亮燈數就會超過3顆，用來提醒肌膚是否疲憊需要加強保養，這是品牌的全球獨家技術。

音波震動按摩梳

頭皮活絡臉蛋就漂亮

只要頭皮緊繃，循環不良，臉部氣色也不會漂亮，所以每天一定要養成梳頭皮的習慣讓頭皮放鬆。這把按摩梳除了有氣囊震動，背面凸起顆粒設計還可以敲打肩膀及身體其他部位，網路上就可以購得。

Chapter // 2

完美妝容
有心機

Base & Concealer
底妝技巧

完美心機薄透裸妝
絕對不是隨興塗抹

其實好的底妝不外乎幾個基本重點，就是妝前保濕度要夠，延展性才會好，以及自然又薄透的遮瑕力與超長持妝力，擁有這些條件，就能完成如同第二層肌膚般的美肌！如果只是依賴產品所強調的功能，在技巧上不願意多做加強，可是實現不了完美裸妝的喔！快來好好把握以下的小重點吧！

point
#01

提升底妝保濕力

粉底混合精華液使用

皮膚很乾的人，或擔心妝前保養不足的人，都可以在粉底液中混入2滴精華液或美容油來上妝，增加底妝的保濕度及光澤感；另外，夏天專用、滋潤度較低的控油粉底液也可以這樣使用。

point
#02

最自然的遮瑕力

讓底妝更完美無瑕

遮瑕膏過度使用，只會導致妝感厚重不自然，如果要讓底妝提升無瑕感，只要用粉撲加粉底液來上底妝，增加妝感服貼感，再搭配少許質地較濃厚的罐狀粉底霜，於需遮瑕部位輕點按壓即可，不用遮瑕膏也能很無瑕。

提升底妝持妝力

A. **增加妝前打底濃度**

想要讓底妝更持久，可在粉膚妝前乳中加一點遮瑕膏混合打底，增加潤色乳的濃度就不易脫妝，打底的顏色如果非常完美，就算脫妝也不怕。

A-1

A-2

B

B. **易脫妝部位需加強**

完成底妝後，容易脫妝的部位可再用海綿按壓，加強底妝粉體與肌膚的服貼度，針對鼻翼縫隙處，可將海綿對折後以尖角按壓。

Eye Make Up
眼妝技巧

打造有精神的雙眼
得從眼部輪廓線下手

其實眼妝對我來說，線條的修飾遠比顏色更重要，而且眼睛的深邃度並不是用深色眼影來堆疊的，而是加強眼部眉毛、眼線、睫毛等部位的立體感，因為東方人的五官本來就較平，素顏遠看就像個水煮蛋，所以如果想要讓雙眼有神，又不會畫完妝後變成別人，那麼就要先打好眼部的輪廓線條。

棉花棒上妝法

A. **最便利的眼影棒**

很多眼影都沒有附眼影棒，如果身邊又沒有工具，棉花棒即可變身眼影棒！只要以圓頭棉花棒沾取眼影或眼影霜，就像圖片中示意的，直拿就可以幫眼窩打底。

B. **還可以變身眼線筆**

如果使用尖頭棉花棒，還可以沾取眼影的陰影色當眼線筆使用，上下眼線都不是問題，暈染推抹時也非常好用，用完即丟。

" 用圓頭棉花棒當眼影棒 "

" 用尖頭棉花棒當眼線 "

仿嫁接睫毛超簡單

point #02

立刻燙出捲翹睫毛

這是彩妝師們最常使用的技巧，所以根本不需要買燙睫毛器，只要用打火機稍微溫熱睫毛夾上側（記得要避開橡膠端）後，就可以夾出彎翹睫毛。

point
#03

眼頭提亮炯炯有神

A. 唇蜜是最棒的打亮

眼頭打亮如果亮過頭，有時會感覺很像分泌物，其實身邊就有隨手可得的低調打亮小物——淺色唇蜜！有亮片也行，可以輕點眼頭部位。

B. 唇峰及鼻頭也打亮

輕點鼻頭可以增加妝感的立體感，唇部不夠豐潤的人，也可以輕描一下唇峰的M形部位，創造亮點，整個上唇會立刻膨潤起來。

Cheek Color

甜美腮紅技巧

腮紅掌握了好人緣
光透感技巧更是重要

全臉彩妝中，我覺得顯色度最重要的，其實不是唇彩，而是腮紅，因為腮紅可以掌控全臉的好氣色及好感度，氣色很好的人，臉頰總是紅咚咚很惹人喜愛，而且毫無威脅性，不只吸引異性，連女孩都想跟她做好朋友！但要刷上具有顯色度又有光透感的腮紅可不簡單喔，來來來，技巧立刻教給你！

顯色感上妝法

A. 用海綿仿氣墊腮紅

自從開始流行氣墊粉底，市面上也推出了氣墊腮紅，標榜以輕拍的方式就可以拍出自然顯色度，但其實，就算手上沒有氣墊腮紅，只要用海綿沾取腮紅也可以達到一樣的效果。

A-1

A-2

A-3

B

B. 輕拍上妝效果自然

沾取腮紅粉末後，抓住海綿的邊緣降低力道，然後同樣用輕拍的方式、也很像是用蓋印章的手勢拍上腮紅，完妝效果一樣自然顯色。

A-1

A-2

光透感上妝法

A. 用面紙製作粉撲

先將材質柔軟的面紙對折成三角形，增加厚度，再像做晴天娃娃一樣，抓出一個印章般的形狀，這就是手作光透感腮紅粉撲。

A-3

B. 面紙材質好處多多

直接以面紙粉撲沾取腮紅，一樣用蓋印章的方式輕拍蘋果肌部位，面紙除了能吸附多餘的粉末，而且質地柔軟，因此能拍出具光透感的腮紅。

Shading
修|容|技|巧

只要簡單的幾個動作
瞬間小臉只在幾秒間！

修容不只是將圓臉變V臉，同時也是在增加臉部輪廓的立體感，並運用深色緊縮、亮色膨脹的色彩原理，降低想隱藏的輪廓，突顯想豐潤的部位，只要稍微修飾就會很不一樣！雖然市面上有不少打亮及修容專用產品，大家可能會認為「看彩妝師用都很厲害，自己用卻變得很奇怪」，其實方法很簡單喔！

point #01
女神裸肌提亮術

A. 以光感蜜粉餅代替

先選擇刷毛較鬆軟的小蜜粉刷或腮紅刷，才能刷出不要太集中的光感；另外不選擇打亮產品，而使用具光澤度的蜜粉餅是重點，先刷於蘋果肌。

B. 刷於臉部受光面

以往那種誇張的眉骨打亮法會讓人有種過時感，而且很顯老，建議可以使用具光感的蜜粉餅輕刷，自然立體又年輕！

C. 豐滿下巴免整型

最後只要於下巴輕刷就完成囉！如果不滿意鼻樑部位也可以刷上蜜粉，輕輕鬆鬆就能打造氣色好、膚感水潤又立體的五官。

point #02
不老容顏膨潤術

蘋果肌讓妳更年輕

善用蜜粉餅就能創造令人稱羨的回春蘋果肌，首先選擇一塊帶金色光澤度的蜜粉餅、因為東方人膚色偏黃，所以帶金色系可以呈現膨潤視覺效果，畫的位置在黑眼球下方往外延伸刷染，範圍不低於微笑線位置，這樣就可以輕鬆打造出猶如韓劇女主角般的透亮美肌，只要妳淺淺一笑就能顛倒眾生、贏得大人氣。

point
#03

巨星風采修容術

A. **以深色修容棒修飾**

使用比粉底暗兩個色階的修容棒，在臉部輪廓的部位，從耳洞位置到下巴為止，以修容棒畫出三個點，再用海綿往下將粉體推勻。

A-1

B. **輕鬆找回蘋果肌**

接著在顴骨位置如圖以修容棒畫上倒三角形，以海綿往下推開，整個蘋果肌會被突顯出來，感覺更加膨潤豐滿。

A-2

C

B-1

C. **利用陰影產生視覺差**

以修容來說，使用的部位產生陰影後，在視覺上就會有退後感，沒使用的部位自然會往前並凸起，就算不打亮都能產生亮點。

B-2

Lip Make Up

唇|彩|技|巧

不管流行什麼唇膏
還是得先將唇部保養好

其實唇膏仍然是彩妝趨勢中的主流，但不管流行什麼樣的顏色或質地，沒有好好保養雙唇都是枉然，當然，唇彩的保養成分也一直在提升中，例如添加了植物油及保濕成分讓唇紋不易產生，但如果要讓唇膏的效果好，每天還是要花時間好好卸妝及保養，以唇油按摩及一週兩回的去角質都很不錯。

紅唇再也不NG

A. 先塗抹雙唇內側範圍

先將唇膏以唇內緣為範圍隨意塗抹，不用特別描繪唇線，如果要使用唇線筆，也只要填滿內側的部位即可，用按壓上色的方法也可以。

B. 輕點推勻出自然唇緣

接著用食指指腹將唇膏色料輕輕往唇緣處推勻，符合當下流行感的紅唇，除了唇緣不能過度描繪，顏色也不能過重，輕點推勻可讓顏色更柔和。

C. 降低紅唇的距離感

不過度框起邊邊的紅唇，唇緣的線條更自然了，顏色推勻後也比較優雅，以往總是讓人感覺有距離感的紅唇，變成人人都能試試看的妝感。

雙色咬唇妝永流傳

A. 先選擇唇蜜與唇膏

先選擇一般唇蜜（非不透明唇釉）與喜歡的顯色唇膏，同色系最好，例如桃紅、珊瑚紅或橘紅色等等，當然也可以自行搭配有趣的色系。

B. 以唇蜜呈現柔和唇緣

先用唇蜜上滿雙唇，通常唇蜜都會具有透明感，所以唇緣線條會有柔和的透明感，使用唇蜜也是咬唇妝不易失敗的原因。

C. 以唇膏描繪唇中心

最後將顯色度高的唇膏描繪在下唇內層，再輕輕抿一下雙唇即可完成，外淺內深的兩種色差是咬唇妝的重點。

point #03

裸色萬萬歲

A. 先將唇色充分遮蓋

裸唇要能完整呈現唇膏的顏色，使用前，一定要使用粉底遮蓋住雙唇原本的顏色，使用氣墊粉餅更方便，而且氣墊粉底保濕度也較高。

B. 直接抹上裸色唇膏

以往都會再疊上蜜粉或粉餅，但可能會讓雙唇更乾燥而失去光澤感，所以可直接抹上任何質地的唇膏，就算是霧面質感也會很柔嫩。

C. 唇周肌膚也要修飾

使用粉底或氣墊粉餅修飾唇色時，可順便在唇周肌膚稍作遮瑕，一方面可突顯唇妝，一方面也可以讓裸色不致感覺混濁黯沉。

Chapter 3

水美肌
就這樣養成！

goods
#01

速淨配方卸妝更快速
無油清爽卸妝經典

CLEANSING LIQUID

OIL CUT

ORBIS

我承認我是這款卸妝的腦粉，OIL CUT配方跟它的卸妝效果都讓我逢人就推薦，清爽但濃郁的質地不是油，但又可以快速去除彩妝污垢，不會在肌膚上殘留任何滑膩觸感，添加高度美容保濕成分，就算手濕也可以用。最壞的是它還經常推出限定瓶身，像是跟剪紙藝術家「蒼山日菜」合作，還有非常受歡迎的「小不點」瓶身，最近再推出「擁抱嚕嚕米」瓶身，讓我買了又買。

ORBIS 澄淨卸妝露EX

容量：150ml／
建議售價：NT$620

goods
#02

滋潤同時還能立即卸妝
易清洗的高洗淨力

IPSA的清潔全系列總共有七款，大家最熟悉的應該是泥狀角質按摩霜EX跟海洋礦物皂吧！這兩款是IPSA的明星商品，所以我就不多分享，反而好想讓大家多了解一下這款瞬卸潔膚霜EX，它是卸妝清潔一次完成（但防水彩妝就要先卸除），質地比較接近乳霜，敷在臉上超舒服，可以邊按摩邊卸妝，輕輕鬆鬆就卸除底妝污垢，成分中還添加了洋甘菊萃取，對痘痘肌有消炎鎮定的效果，我個人很喜歡它用完之後肌膚光滑又濕潤的感覺，推薦換季的時候可以換這支，降低肌膚敏感的可能。

＃IPSA 瞬卸潔膚霜EX

＃容量：150g／建議售價：NT$1,000

goods
#03

每年熱銷至少百萬瓶
不刺激又瞬間清潔溜溜

本來想說這個眼唇卸妝液誰不知道，有需要跟大家分享嗎？但它是我用過最多瓶的眼唇卸妝液，所以一定要加入我的「真心不騙」名單當中！其實不只有我認同，它自從出道以來獲獎無數，曾蟬聯美妝評鑑網站UrCosme眼唇卸妝類NO.1，每年熱銷至少百萬瓶！熱賣關鍵就是「完全不刺激又瞬間清潔溜溜」，而且配方清爽，還含有保濕維他命B5，在很多眼唇卸妝品都還會刺激雙眼的年代，這瓶一推出就立刻成為開架保養品的銷售奇蹟，當年都要用掃貨的買法囤貨，不然常常會缺貨。

＃Loreal Paris巴黎萊雅 溫和眼唇卸妝液

＃容量：125ml／建議售價：NT$299

goods
#04

不需用力摩擦即能卸妝
可快速卸除及修復彩妝

這款長得像護唇膏一樣的卸妝棒，只要輕輕以畫圓方式塗抹在需要卸妝的部位，再用面紙或化妝棉擦掉殘妝即可，對我來說很方便，因為常要幫模特兒局部卸妝及改妝，使用其他卸妝品可能會毀了妝感或太刺激！也因為它的成分中含有葵花籽油及15種美容和保濕成分，所以重複一直卸妝的部位也能被滋潤呵護，模特兒工作真的很辛苦，一定要用方便好物來幫忙分擔一下！眼線畫不好或外出時眼妝花掉，也可以用它來立即修正，週末會去跑趴的女孩們，拜託非買不可！

CANMAKE 快速卸妝棒
容量：3g／建議售價：NT$290

goods
#05

牛奶質地抗老卸妝品
第一支熟齡肌專用

添加大豆油優異抗老保濕配方，卸妝清潔的同時，也能幫乾荒熟齡肌膚注入滿滿滋潤及修護能量，擦上去是豐潤的乳狀質地，肌膚會有明顯水潤的保濕膚觸，打圓按摩後臉上彷彿有一層薄膜，一點都不會緊繃乾澀，真的是邊卸妝邊保養，絕對是都會忙碌女性必備卸妝神乳。

Skincode 柔淨潔顏卸粧乳
容量：200ml／建議售價：NT$1,100

goods
#06

ㄇㄟ及學生必備潔顏聖品
滑溜感卸粧清潔一次完成

這款卸粧蜜已經夯很多年了啦！只要夏季來臨，雜誌的卸妝清潔單元就一定會介紹它，因為它用起來非常沒有負擔感，而且冰冰涼涼的質地很適合夏天，價錢又相當親民，是小資族跟學生們的最愛！它基本上是洗卸兩用的產品，先以透明的凝膠在臉上按摩卸妝，凝膠遇到水之後會轉換為泡沫，能將彩妝跟髒污清得乾乾淨淨，而且成分中添加了維他命E及礦物質，清潔同時保養，多方便呀！

Za 清潔卸粧蜜
容量：100ml／建議售價：NT$120

goods
#07

以天然植物油幫眼唇溫和卸妝
一次會帶回好幾瓶的好物

這款產品可以說是Fasio的隱藏版好物，而且價錢親切到會讓你想一次帶回好幾瓶，怎麼用都不會心疼，CP值非常高！而且Fasio的睫毛膏可是出了名的「極防水」，搭配同品牌眼唇卸妝液最棒了！據我所知這是很多女藝人私底下都在用的好物，雖然目前有很多全臉專用卸妝品，可是重度眼妝者建議還是先使用眼唇卸妝比較好。它之所以好用又溫和，是因為成分中添加了葵花籽油、杏仁油及紅花籽油，就算相當乾燥的眼周，卸完妝後的肌膚都能變得相當潤澤。

#Fasio 眼唇柔淨卸粧液
容量：120ml／建議售價：NT$165

goods
#08

能瞬間卸除眼部妝容
有效溶解防水眼妝

這款卸妝品挺紅的，最近還推出了CYBER COLORS × Fifi Lapin限量版系列，好多人一次買了5、6瓶囤貨，除了瓶身的Fifi Lapin兔子很可愛，當然主要是因為它很好用。使用前搖勻後以化妝棉沾上適量卸眼液，只需在睫毛的位置上濕敷數秒，就能瞬間徹底卸除眼部彩妝，包括防水睫毛膏及眼線，溫和成分能將彩妝卸乾淨還不會刺激眼睛，同時滋潤脆弱的眼周肌膚，是我意外發現的好物。

#CYBER COLORS 溫和卸眼液
容量：118ml／建議售價：NT$360

堪稱精品等級的手工逸品

讓討厭的卸妝成為一種幸福

這款潔面膏,身邊隨便一位朋友都可以分享用過2~3瓶以上的經驗,而且還都不想再換別的品牌,就算是初次使用的人也會有一種相見恨晚的感覺,因為它讓卸妝成為一種幸福感受!它是以手工製作的潔顏逸品,在80℃的高溫下,先將馬魯拉油等精純植物油脂混合,等它們降溫到60℃後,再加入花梨木、伊蘭伊蘭、鼠尾草精油等成分,靜置一天「熟成」,才能凝固成如頂級糖蜜的金色按摩膏,氣息及顏色皆渾然天成,洗完後的乾淨程度有一種肌膚在呼吸的感覺。

DARPHIN 花梨木按摩潔面膏

容量:40ml／建議售價:NT$1,750

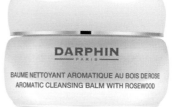

保濕淨化深層卸妝

三效合一洗卸潔膚液

就算是臉上完全沒上妝,只要出一趟門回來臉就髒得要命,這些髒污能越快清除越好,所以能淨化毛孔又便利的卸妝品很重要!這款卸妝水能深入毛孔,清潔肌膚殘留的難卸污垢及彩妝,降低敏感、粉刺、痘痘問題發生,還添加綠花椰菜精萃、類黃酮及蘆薈菁華複合精萃,能修護並收斂毛孔。不只如此,這款卸妝水還有很多好處,例如熬夜加班想卸妝補妝,到用水不方便的地方露營,或是到極冷的國家、起床懶得洗臉時,用這款卸妝水就能搞定一切!

我的美麗日記 高效極淨保濕卸妝水

容量:400ml／建議售價:NT$350

goods
#11

油光敏感肌也能使用
日本直送超大容量

這款大容量日本直送卸妝水「卸妝皇后」會讓女孩們願意好好卸妝，因為卸妝變得輕鬆簡單，連防水眼妝都能同時清除，容量大又便宜，還添加了醣基海藻糖及木糖醇，具有保濕效果，所以一回到家後的好習慣就是立刻用它卸妝，還不需要馬上洗臉，就像用保濕化妝水卸妝一樣的舒服！它有舒敏及綻白兩款，舒敏毛孔款可以調節毛孔油脂分泌，甘草及人蔘還能收斂毛孔及舒緩鎮定發炎肌膚，更適合現代充滿危險物質的大環境，清潔有做好，肌膚問題沒煩惱！

\# AZZEEN芝研 卸妝皇后舒敏毛孔卸妝水
\# 容量：500ml／建議售價：NT$450

goods
#12

留住滋潤不留殘妝
美顏柔珠卸妝按摩霜

這款卸妝按摩霜CP值真的很高，價格便宜但用起來卻像專櫃品牌一樣的效果，不但是卸妝霜也是按摩霜，成分含有淨膚按摩柔珠，一邊按摩肌膚，柔珠中的杏桃萃取精華及天然保濕油釋出，可以協助溶解彩妝，使用後只要以溫水清洗即可，一般底妝跟防曬都可以卸得乾乾淨淨，卸完後臉的滋潤度也很好。我試過一週兩次在卸妝清潔後，再用一次卸妝霜幫肌膚按摩一下，甚至可以敷個5～10分鐘之後再清洗，我是把它定位在速效型的清潔面膜，等於買一瓶卻有兩瓶的效果，價錢又是別人的三分之一不到，真的是超超超超超划算的！

\# Freshel膚蕊 卸妝按摩霜
\# 容量：250g／建議售價：NT$290

goods #13

完美潔淨力的潔膚霜 兼具美容油的潤澤

這是我個人最愛的卸妝霜，目前還沒有其他品牌可以打敗它！這款潔膚霜有超療癒玫瑰花香味，讓卸妝過程像SPA，裡面使用乳油木果油、芒果種籽油、酪梨油及玫瑰果油，剛好搭上這幾年流行油類保養，用這罐等於有點像是前導的概念，邊卸妝邊用美容油幫肌膚按摩，像我出國時，為了避免氣候或是時差等因素造成肌膚不適應，一定會帶這罐出門，一次搞定卸妝洗臉，還能平衡身心，另外夏天的時候也可以把它放在冰箱，卸妝的時候同時降低肌膚溫度，平衡油脂分泌。

MOIST
CLEANSING
BALM
100g

\# RMK 玫瑰潔膚凝霜
\# 容量：100g／
建議售價：NT$1,100

goods #14

再疲倦都能輕鬆清潔肌膚 卸妝、清潔保濕調理三合一

每天回到家後，最重要的工作就是卸妝，但有一個特別的時刻我會極需要卸妝水，例如：時間有限，或工作結束疲累到不行的時候。使用卸妝水能讓卸妝變得快速又有效率，躺著就能輕鬆卸除全臉彩妝與淡妝，整個就像時尚週的後台一樣快速。透明桃粉色瓶身很YSL又時尚，卸妝水中含有滿滿的保濕精華，所以卸妝同時還能清潔、保濕調理肌膚，非常適合冬天的早上、妝感很輕或每天只擦防曬出門的人，而且就像在用保濕化妝水卸妝。

\# YSL 名模肌密3合1機能卸妝水
\# 容量：200ml／建議售價：NT$1,450

\# RMK 潔膚油
\# 容量：175ml／建議售價：NT$1,200

goods #15

讓你卸妝清潔一次完成 親膚性100％植物萃取油

無論時代如何變遷，把臉洗乾淨都是「透明系」美人的根本，這款潔膚油就連怕油的人絕對都會愛上它！添加萃取自蔗糖的蔗糖角鯊烯及橄欖油與植物性皮脂類似，親膚性很好，就算難卸的防水型彩妝與毛孔髒污都OK，只化淡妝的人還可以直接不用再洗臉，百分百植物萃取油，透過卸妝就開始體驗油保養，清潔同時保持肌膚原有的潤澤平衡，我自己最愛它淡雅的柑橘薄荷香氛，讓一整天疲勞的身心靈得到放鬆。

RMK

SMOOTH
CLEANSING
OIL
175ml

清爽卸妝就連男生都愛
添加真正精油及植物油

有陣子大家在討論到底卸妝油會不會長痘痘、會不會阻塞毛孔的時候，BOBBI BROWN反其道而行地推出這款全新卸妝油，當時讓大家驚豔也驚嚇！驚豔的是使用感受，驚嚇的是怎麼不怕死？當然那麼敢的原因來自於，當有些品牌還在添加化學香料，它率先強調加了頂級的茉莉花精油，根本是下重本，另一方面還以獨家比例調和有機向日葵油、義大利橄欖油、夏威夷果油及荷荷芭油等，直接跟市面上造成大家反感的礦物油卸妝品做了很大的區隔，重點是還卸得非常乾淨，乳化後的肌膚也非常清爽，算是當時卸妝油市場上拔得頭籌的彩妝品牌，也蟬連了好幾年我的心頭好推薦品。

BOBBI BROWN
全新茉莉沁透淨妝油
容量：200ml／建議售價：NT$1,700

連深層毛孔都乾乾淨淨
除了卸妝還能溶解角栓

FANCL卸妝產品可以說是為品牌立下汗馬功勞的產品之一，也是產品中最先擄獲台灣消費者的，它那似油似乳、特有的半透明質地，加上完全無油感的舒適感受，創造出驚人的卸妝效果，讓每個女藝人都推薦！現在這款全新的MCO速淨卸粧液更以「新一代超微細速淨因子」深入毛孔，針對頑固難卸的彩妝、空污深入潔淨，遇水馬上分散成速淨分子包住髒污，另外添加角栓潔淨油，也順便清除海島型氣候最常見的毛孔角栓黑頭，一舉數得之外更打趴一堆歐美品牌。

FANCL MCO 速淨卸粧液
容量：120ml／建議售價：NT$830

part 2
物超所值
超高CP
NT$**2000-8000**

goods
#18

一次即完成多種保養程序
英國風優雅卸妝儀式

用這罐卸妝要用一種享受的心情來面對，甚至要有一種讓肌膚重生的心情，當初我看它榮獲各大媒體的美容大獎，還被Vogue雜誌評譽為「可能是世界上最棒的清潔產品」，是用一種朝聖的心情打開來用，首先會先聞到各種精油的芳香，讓你光用聞的就陶醉，另外還附有瑪姿林卸妝棉布。使用的時候，先將卸妝霜在手心中溫熱並按摩肌膚，接著以沾溫水的棉布覆蓋臉部稍微停留搭配深呼吸，然後再擦拭就好，說明書是說進行三次即可完成全臉及眼唇卸妝、清潔、去角質、按摩等保養程序，但我自己是覺得一次就很有感，建議大家可以把它拿來當作定期犒賞肌膚的禮物。

EVE LOM 全能深層潔淨霜
容量：100ml／建議售價：NT$2,900

真♥不騙

#MingChuanLee

goods #19

讓毛孔大口深呼吸
獨創潔顏前導機制

雖然叫潔顏精露，但它其實是輕盈卸妝油般的質地，成分中使用了葡萄籽油、橄欖油、乳油木果油及荷荷芭油，所以它能溶解全臉髒污及防水殘妝，成分中還有碳粉，能如磁鐵般吸附深層雜質、油脂和髒污，有效深層清潔，並同時通暢毛孔、調理油水平衡，是混合肌膚的必需品。清潔後不會讓肌膚感到緊繃或乾燥，也能滋潤軟化肌膚表皮的厚重老廢角質，深層淨化平衡一次完成，之後可再搭配舒緩修護皂。

ERNO LASZLO奧倫納素
　竹炭淨化前導潔顏精露
容量：195ml／建議售價：NT$2,000

goods #20

清潔力保濕力都讓人折服
單手就能優雅卸除彩妝

這瓶實在是太好用了！雖然價格有點高，但我真心覺得除了產品成分夠強大，我也很重視使用的便利性，畢竟現代人實在沒時間在那裡瓶瓶罐罐，越是方便使用就越討我歡心！這款卸妝液的瓶口是喇叭口設計，不像其他卸妝液都要用倒的，每次光在那裡倒半天倒不出來，我就覺得不好用；但這瓶超方便的，只要將化妝棉放上去按壓幾下，卸妝液就會自動回滲到化妝棉，真的實現單手就能使用，回家卸妝簡單方便又好用，像我幫藝人改妝的時候，局部卸妝真的超級無敵好用。

SISLEY 極淨植物保養卸妝液
容量：300ml／建議售價：NT$3,600

goods #01

還你能自在呼吸的臉龐
為肌膚注入O2能量

它的泡泡很豐厚，能深入毛孔徹底清除肌膚殘妝及頑固污垢，尤其是主成分——獨特O2賦活因子，除了能深層淨化臉部髒污，還能對付卡在毛孔邊緣的pm2.5懸浮微粒，另外還搭配了生物纖維素、松藻複合精華，加上O2賦活因子，能同時幫助軟化肌膚老廢角質，一邊早晚徹底清潔，一邊為肌膚注入O2能量，從洗臉開始重現會呼吸的乾淨臉龐，清透角質層還能提升後續保養品吸收力，使肌膚開始深呼吸。

 # SKIN BIOTHEORY
O2活氧淨潤潔面乳
容量：100ml／建議售價：NT$580

給肌膚最清爽的無油感

以三重清潔淨化過程

這款洗面乳已經推出很久了，它在洗面乳流行添加柔珠的時期，就已經開始使用保養成分來達到毛孔淨化及去除老廢角質的功能，主要是它還添加了保濕甘油，洗後肌膚乾淨又不緊繃，再加上皮膚科醫師的各種測試數字等等，所以愛用者不管男女都是一打一打地入手！它的泡泡非常柔細，所以可以去除阻塞毛孔的油膩及髒污，包括外界的各種污染物及老廢角質等等，還能調節油脂分泌，讓肌膚油水平衡，是我從學生時代就在用的好用洗面乳。

Neutrogena露得清 深層淨化洗面乳
容量：100g／建議售價：NT$399

肌研 卵肌溫和去角質泡洗顏
容量：160ml／建議售價：NT$370

讓肌膚洗後光滑不緊繃

甘醇酸與水楊酸雙重配方

「卵肌」就是如同水煮蛋般的肌膚，當年肌研掀起了一股水煮蛋肌的話題，只要靠這瓶泡洗顏就能洗出光滑又無毛孔的肌膚！當年不買來用用實在說不過去，裡面包括了AHA甘醇酸和BHA水楊酸配方，AHA去除毛孔髒污與老廢角質，減少黑頭粉刺形成，BHA還能幫肌膚調節油脂的分泌，並保養毛孔，特殊設計壓頭可以擠出超多超綿的泡沫，洗完真的可以馬上感覺到肌膚的光滑感，所以如果是夏天我推薦用它來洗臉。

以弱酸性豐盈泡沫
培養健康角質層

從敏感肌研究誕生，來自日本、品牌名由兩個英文組合而成的「Freeplus」，「Free」意指不易造成肌膚負擔的低刺激成分，「plus」意指添加6種和漢植物萃取精華的滋潤成分和維他命B3，有助強化角質層屏障機能。而說到freeplus，就不能不提到在日本國內外倍受消費者喜愛的「溫和淨潤皂霜」，它能輕鬆產生豐盈柔軟泡沫，而且弱酸性特質不易刺激肌膚，能在卸淨髒污同時維持滋潤，光靠洗臉就能培養出健康角質層，而且現在終於不用再找人幫忙去日本代購了！

#freeplus 溫和淨潤皂霜
容量：100g／建議售價：NT$580

肌研 卵肌溫和去角質洗面乳
容量：130g／建議售價：NT$290

靠洗臉就能洗出水煮蛋肌
每天拋光，粉刺不生成

這款潔顏品有兩種型態，一款是洗面乳，一款是泡洗顏，這兩款產品當時一推出就大受歡迎，因為不需要使用去角質顆粒，只要洗臉，就能洗出滑滑的肌膚，還不用擔心過度刺激，任何肌膚都OK！因為它是弱酸性的超微泡沫，包裝也很中性，使用的男生也很多，主要是因為成分中添加了AHA角質柔軟成分，能夠在洗臉同時軟化粗糙角質，還能避免黑頭粉刺的生成，改善黯沉及粗糙，每天都能好好清除老廢角質，打好肌膚保養的基礎。

goods #06

能深入毛孔徹底清潔
細緻綿密蠶絲蛋白泡沫

超微米上市至少有5年了吧！只要是注重清潔的男生，很多人都用過超微米，當然也包括我，不只是潔顏乳，它的卸妝油、卸妝棉及慕絲也都很好用，價格也非常便宜。最近一直在升級的專科系列，統一都添加了水解蠶絲蛋白、蠶絲蛋白保濕精華及絲膠蛋白，包括潔顏系列，所以除了保濕還能夠增加肌膚防禦力，而且泡泡非常綿密，只要敷在肌膚上不必用力搓揉，就能把臉洗得乾乾淨淨。

專科 超微米潔顏乳

容量：120g／建議售價：NT$119

goods #07

再以控油草本精華雙管齊下
以藥用抗痘水楊酸軟化角質

這款洗面乳也是經典商品，所有青春期男孩浴室中都有，根本是學生情人！沒辦法，只要正在經歷痘痘困擾的肌膚就要用它！痘痘肌的清潔比保養還重要，但年輕人只要出了一點點油就會狂洗臉，結果一定是臉越洗越油，因為沒有先解決油水不平衡的問題；這款洗面乳中含有藥用抗痘成分水楊酸和草本淨痘精華，每天在洗臉同時就在幫你對抗青春痘問題，一邊抗痘還能加速粉刺浮出，並降低油脂分泌量，還給大家清爽青春臉龐。

GARNIER卡尼爾 藥用制痘抗痘洗面乳

容量：100ml／建議售價：NT$99

讓春春的肌膚漾如新生
從洗臉開始解除油膩

這是我隱藏版的清潔救星，每次洗完都有一種肌膚回春的錯覺！一般青春期肌膚總是有油脂分泌過多、老廢角質堆積、毛孔阻塞與粉刺的惱人問題，但如果過度洗臉又會產生反效果，不小心還會變成敏感肌，這瓶強調胺基酸界面活性劑與水楊酸甜菜鹼，充分乳化深藏在毛孔中的油脂與汙垢，還能有效清理老廢角質，讓毛孔通暢呼吸，另外還搭配了白柳樹皮成分，讓皮膚鎮定舒緩。溫和清理老廢角質並暢通毛孔後，還能提升肌膚對後續保養品的吸收力，洗後肌膚乾淨又清爽。

是混和肌男女族群的最愛
氨基酸可清除髒污兼保濕

Dr.依 深層潔淨慕絲

容量：150ml／
　建議售價：NT$800

CHIC CHOC 保濕皂霜

容量：125g／建議售價：NT$600

這款保濕皂霜可以説是CHIC CHOC明星商品，也是經典商品，而且使用的男性意外的還真不少！使用者還會連淨顏酵素粉一起入手，跟皂霜混在一起使用加強老廢角質的去除。它的清潔成分主要以天然氨基酸為主，所以在氨基酸成分大為流行時賣得很好，因為氨基酸可以清除髒污還可以確保不過度清潔，所以很受到混合性肌膚的喜愛，成分中還添加了茶菁華跟甘菊菁華，保濕又溫和，連我也是愛用者之一喔！

goods
#10

前所未有的雙劑型設計
吸附髒污並包裹沖淨效果好

這款清潔用品一上市就造成了一股「不管用完沒都一定要囤貨」的旋風，因為洗臉商品本來就算是消耗品，囤著也一定都會用完，這支用過的人都説讚！前所未有的雙劑型設計，按壓出來是凝膠，先以凝膠深入毛孔吸附並固化髒污，凝膠加水後轉化為慕絲，能把吸附的髒污緊密包裹於綿密泡沫當中，用水沖洗就能徹底溶出髒污，先凝膠後慕絲的兩段式完美質地結合，讓毛孔清潔一步到位，油性膚質非常非常非常（很重要所以説三次）推薦，聽説在週年慶檔期可是連男生都會自己靠櫃説「兩瓶，謝謝」呢！

ettusais艾杜紗 高機能毛孔淨透凝膠
容量：165g／建議售價：NT$580

goods
#11

pH5弱酸性超溫和
純手工製作玫瑰潔膚棒

這產品真的太有意思了！因為我不哈韓，所以之前還真的從來沒用過像這樣的棒型潔膚皂，據説這是韓國品牌的招牌之一。使用方式很簡單，先將臉打濕，然後直接以棒型潔膚皂在臉部肌膚像是畫畫一樣，就能搓揉出豐富的泡沫，接著用手邊按摩邊清潔肌膚，最後以清水洗淨，等於省去用掌心搓揉起泡的步驟，畢竟只有細緻蓬鬆的泡沫才能真正帶走髒污。這款棒型潔膚皂蘊含大馬士革純淨玫瑰花瓣，以純手工製作，天然清潔保濕成分為pH5弱酸性，能給肌膚天然保水膜，所以各種膚質都適用。

su:m37° 甦秘純淨酵能玫瑰潔膚棒
容量：80g／建議售價：NT$980

goods
#12

居家毛孔SPA的美膚療程
讓洗臉不再只是洗臉

如果毛孔無法順暢呼吸就容易長粉刺痘痘，甚至還會膚色黯沉，所以清潔絕對是保養基本功的重點，像我屬於偏敏感肌在挑選洗面乳就會更加慎重，除了要求泡沫細緻，還要同時能夠深層清潔毛孔、溶解角質皮屑、因為唯有能夠真正吸走多餘油脂，才可以預防肌膚拉警報的可能，夏天或是連著幾天都整天帶妝的時候，我就會特別拿這支出來認真把臉洗乾淨。

Skincode 控油肌緻洗顏露
容量：125ml／建議售價：NT$1,100

goods
#13

就是值得推薦的好物
只要能節省清潔時間

卸妝、清潔、保濕三效合一的潔顏乳感覺好夢幻，因為對我來說，能節省肌膚清潔時間就是人生最棒的事！尤其是，只要能減少卸妝動作對肌膚造成的過多摩擦，就是擁有好膚質的秘訣！這款洗面乳只要一道步驟就能精準到位把臉洗乾淨，成分中添加多種植物精萃，像是白芒花、天竺葵、玫瑰草、胡蘿蔔籽精油、黑胡椒籽萃取等，潔淨效果及味道都很好，是我少數會一直回購的好物之一。

philosophy肌膚哲理 純淨清爽3合1洗面乳
容量：480ml／建議售價：NT$1,200

goods #14

細緻泡沫溫和潔淨 一分鐘喚醒肌膚活力

添加了有「電氣石」之稱的碧璽（法國獨家專利）作為肌膚能量的來源，能喚醒疲憊老化肌膚，還不計成本使用碧璽中最頂級的紅碧璽，及Ecocert認證的天然胺基酸界面活性劑，它的弱酸性與肌膚皮脂膜pH值相近，泡沫豐富柔細，保濕鎖水，能將肌膚髒污洗乾淨，還不過度帶走水分，不破壞肌膚皮脂膜的健康，所以洗後不緊繃不乾澀，算是頂規的洗面乳。

CHLITINA克麗緹娜
碧璽超導緊緻洗面乳

容量：100g／建議售價：NT$800

goods #15

油性肌膚也能徹底清潔 用完後肌膚淨、透、亮

自從金黃蠟菊成分被歐舒丹團隊於科西嘉島發現後，一舉成為品牌中的super star，這個神奇不凋花故事在美容圈早就成為不朽傳奇！而且據說這款潔面慕絲是先從男性消費者口耳相傳才讓大家驚覺原來這麼好用，主要是因為它洗卸合一，清潔力佳又不過度，連沒有上妝習慣的男性也能用得安心，泡泡柔細香味溫和，洗完不緊繃。然後也因為清潔用品用量大，後續貼心地推出補充包，一包等於兩瓶容量，不但環保又能省荷包，愛自己的肌膚也要愛地球。

L'OCCITANE歐舒丹 蠟菊潔面慕絲

容量：150ml／建議售價：NT$1,280

小包裝輕巧淨顏酵素粉

旅行工作時的必備潔顏品

CHIC CHOC感覺像是少女在用的品牌嗎？其實並不然，因為我本人一直都是CHIC CHOC的腦粉，尤其是它的酵素潔顏粉！這款專門針對油性肌膚及粉刺黯沉，味道跟包裝設計很中性，所以當然也適合男生使用。像我常常飛來飛去或到外地工作，輕巧小包裝的淨顏酵素粉就非常方便攜帶。其實很多人會擔心酵素清潔力太強，但成分中還添加了胺基酸，所以洗完臉後仍能維持肌膚皮脂膜的水分，泡泡也頗多，洗完後會明顯感覺到肌膚透亮又清爽，夏天油水失衡容易長粉刺就可以用這個來預防勝於治療。

CHIC CHOC
淨顏酵素粉（12入）
容量：0.4g×12／
建議售價：NT$300

按摩一分鐘再敷五分鐘

清洗型安全角質護理完成

消費者對角質護理的概念很兩極，如果選用的產品不夠溫和，例如以物理性顆粒或化學性酸性成分去除老廢角質，敏感性及乾性肌膚就得避免，但對混合性及油性肌膚來説，過度使用也會造成肌膚問題，如果你也是霧煞煞一族的人，不要想太多～就它了！從清洗型面膜角質護理出發，鮮蜂王漿精華跟一般蜂王漿不同，它能軟化粗糙角質，再搭配能促進角質層新陳代謝、同時活化肌膚循環的西洋梨果汁發酵精華，按摩1分鐘後再敷5分鐘，立刻重現滑嫩肌。

FANCL 蜂王漿柔膚軟膜
容量：40g／建議售價：NT$1,100

FC

FANCL
SKIN RENEWAL PACK

IPSA 角質發光液1&2

容量：150ml／建議售價NT$1,250

goods #18

遇到粗糙肌model時的法寶
只要擦兩下肌膚立刻拋光

當時推出這款「用擦的去角質水」時，引起很多懶人們的興趣，除了躺著就能清潔臉部肌膚，還有導入功能，每天使用、每天幫肌膚拋光，養成不易堆積老廢角質的肌膚，自然也不容易長粉刺，這款發光液也有很多男性愛用者喔！我工作的時候也都會帶它，因為有時model不夠敬業、頂著一張粗糙肌來到攝影棚時，我就會出動這款發光液用最簡單的方法幫她「拋光」，不但能柔軟角質，加強滲透，妝感也能服貼，其中1號劑型是油性肌專用，乾性肌就用2號。

goods
#19

即效修護肌膚不適感
以修護皂擺脫乾燥柔弱肌

ERNO LASZLO的黑色死海礦泥皂是數一數二的極品，當ERNO LASZLO進到台灣市場時，打造超高知名度的就是瑪麗蓮夢露及黑皂，之後引進這款粉紅舒緩修護皂，這款清潔皂能溫和洗淨肌膚污垢，添加了洋甘菊、金盞花萃取舒緩配方，使乾性及各種肌膚也能盡情享受使用潔顏皂的舒暢感，另外還添加了蜂蜜，有優秀的水分調節功能，在作為保護肌膚的重要保濕呵護時，也能解除環境壓力造成的不適感。

ERNO LASZLO奧倫納素 逆齡奇蹟舒緩修護皂
容量：100g／建議售價：NT$1,500

goods
#20

添加珍貴奧圖玫瑰精油
對敏感肌最溫和的潔顏露

這品牌我個人也非常喜歡，創辦人Romy Fraser是一位對有機與公平交易認證非常執著的教師。產品線非常多，除了保養品，還有口腔保養、baby保養、按摩軟膏及各種精油等等，不但成分令人安心，味道也非常天然。玫瑰類保養品是我最先接觸這品牌的系列，例如這款保濕潔顏露，一開始對低發泡的配方有點不太習慣，但成分中添加的奧圖玫瑰精油味太療癒了，而且不過度清潔，對敏感膚質來說也很溫和，另外還有蘆薈配方，所以洗完臉後保濕又清爽。

Neal's Yard Remedies
玫瑰保濕潔顏露
容量：100ml／建議售價：NT$950

#清潔

part 2
物超所值
超高CP

NT$ *2000-8000*

goods
#21

只要兩分鐘按、敷、淨
就不需要依賴美圖APP

這款產品推出時還挺受歡迎的，因為不需要靠顆粒的搓揉也能輕鬆去除老廢角質，而且還不止這樣，當時推出的口號是「按、敷、淨」一次做足！先幫肌膚做1分鐘的按摩去除老廢角質，接著按摩晶就會轉換成美白面膜，再給它敷個1分鐘，成分中的桔梗菁華能讓肌膚亮白，順便以柚子、尤加利、蜀葵菁華加強保濕，所以真的只要2分鐘時間就能完成按摩╳面膜╳淨顏，這不但是當時美容雜誌的話題商品，更是一路熱賣到現在，尤其適合現在經常籠罩在空污問題中的肌膚。

SOFINA ALBLANC
潤白美膚瀅透水嫩瞬亮按摩晶

容量：125g／
建議售價：NT$2,200

goods
#01

完美保養神器就是它
導入、打底或定妝保養

水美媒的進階版「秘之湧水美媒」，除了將主成分「I.C.E.礦晶離子」能量加倍，再添加珍稀專利海鹽萃取，一次提升吸收力、續航力、保水力、代謝力、修復力五大膚質養成要素，成分升級效果當然加倍。作為前導，能幫助肌膚快速重整好膚質狀況，加速後續其他保養品吸收；作為妝前打底，能使後續粉底液均勻推勻，妝感薄透服貼，還能作為完妝後的定妝保養，補妝時也需要它，不限使用量，噴愈多愈有效，難怪成為彩妝師們的最愛，我的生活中更是不能缺少它。

OGUMA 秘之湧水美媒
容量：160ml／建議售價：NT$800

夜間修護黯沉受損
日間加強肌膚防禦力

由韓國製造，並以科研為基礎的Pure Beauty，品牌特色是相信蘊含強大功效的抗氧化成分，能有效阻隔及中和游離基，延緩肌膚衰老，於是將革命性護膚科研技術結合優質天然成分，研發出一系列抗氧化護膚產品。其中這款柔膚水，為保養第一道使用，主要是以紅石榴精萃來加強肌膚防護力，還搭配了能讓肌膚水嫩飽滿的有機草本精華，防止肌膚在日間受損，並維持肌膚健康狀態。

\# Pure Beauty 紅石榴高效活顏
　　防禦柔膚水

\# 容量：140ml／建議售價：NT$500

\# L'OREAL PARIS巴黎萊雅水清新
　　3合1智慧保濕精華水

\# 容量：175ml／建議售價：NT$450

難怪鎖水效果極優秀
添加微分子化美容油

在專櫃品牌一連串推出各種高機能化妝水的同時，巴黎萊雅居然推出500元以下的超大瓶開架高機能水，也因為它保濕、潤澤、鎖水3合1，效果優秀，所以又被稱為保濕智慧水，連荷包都跟著變得很有智慧！這款精華水屬於略濃郁的質地，但抹到肌膚上又會化成水狀，所以不用擔心是否黏膩，而潤澤鎖水效果顯著的原因，是因為成分中添加了微分子化的美容油，難怪效果好，美容油對鎖水來說真的很重要、很重要、很重要！

goods #04

讓乾渴肌膚立即潤澤
添加五種特性不同玻尿酸

肌研的賣點就是玻尿酸，而且強調含有多種玻尿酸，當然這也是肌膚最需要的根本。這款黃澄澄的金緻特濃就添加了5種分子特性不同的玻尿酸：有「高效玻尿酸」、「水解玻尿酸」、「玻尿酸」、「3D玻尿酸」、「吸附型玻尿酸」，雖然說是保濕化妝水，但卻擁有如精華液般的濃潤質地，夏天的時候我會大量把它擦在臉上，就像敷了保濕面膜一樣，能讓極度乾燥粗糙的肌膚立刻止渴！

 # 肌研 極潤金緻特濃保濕精華水
 # 容量：170ml／建議售價：NT$550

 # Za 美麗關鍵高機能保濕化粧水
 # 容量：150ml／建議售價：NT$400

goods #05

鎖住三大部位青春力
525億顆膠原蛋白微粒

所謂的三大部位就是最容易洩露女性年齡的「眼周」、「兩頰」、「唇周」，Za研發的「美麗關鍵系列」總共有四個品項，鮮麗的桃紅色瓶身包裝，會讓你一度以為是頂級專櫃保養品，質感非常吸睛。我個人最推薦的是高機能保濕化妝水，我的化妝水用量真的很大，因為濕敷很方便，價格也不貴，隨便奢侈地用也不會心疼，而且說真的——有用力用，你的肌膚就會反饋給你看到效果。

goods #06

以發酵黑糖的美肌能力
主攻肌膚的膨潤Q彈

黑糖精推出後大受歡迎，2016年底還推出米奇米妮限定包裝，不只是年輕女性，連熟齡肌都愛用，因為「有酵」就是「有效」！運用發酵成分於保養品中已經不是專櫃的專利囉！這系列的特色主要是以黑糖發酵，發酵後的黑糖會產生20種以上的美肌成分，非常養肌，包括礦物質及胺基酸等等，主攻肌膚的膨潤Q彈效果。這款化妝水還有W玻尿酸及保濕因子，質地略為濃稠但完全不黏，用一次保濕，用兩次潤澤，一瓶三效超划算！

KOSE 黑糖精透潤化妝水

容量：180ml／建議售價：NT$328

goods #07

注入彈力蛋白與膠原蛋白
雙重抗皺賦活因子大升級

近期才升級的高機能化妝水，紅色瓶身一看就知道是跟抗老有關，說起來極潤α也算是濃稠型化妝水的始祖！升級版的成分主要又結合了彈力蛋白與膠原蛋白，能更有效支撐肌膚基礎，由內而外提升肌膚彈性，撫平細紋，重現緊實的平滑肌，另外還添加了肌膚很需要的角鯊烷及玻尿酸，裡裡外外幫肌膚長效鎖水。這種濃潤宛如精華液般滋潤的化妝水，我是都用手按壓比較多，透過肌溫包覆，也能讓肌膚表面的保水度提升。

肌研 極潤α抗皺緊實高機能化妝水（濃潤）

容量：170ml／建議售價：NT$570

goods
#08

全新眼淚保濕機制
改變保濕彈潤新概念

「CPAQUATM眼淚保濕機制」是自白肌全新系列的主強項，保持淚液中的水分不蒸發，使眼睛有足夠水分做潤滑與保護的關鍵保濕成分就是CPAQUATM，它最重要的功能是增加神經醯胺，開啟肌膚角質層的補水保濕機制。這系列除了有化妝水，還有保濕精華霜及玻尿酸精華液，精華液擁有多功能循環玻尿酸保濕科技，能層層釋放保濕因子，達到鎖水、保水、補水效果，有時工作累到無法認真保養時，只要多擠壓兩下使用，也能安穩到天亮。

#自白肌 極潤玻尿酸精華液
容量：30ml／建議售價：NT$550

亞洲人傳統美容聖品之一就是燕窩，碧歐斯以燕窩結合高科技亮白胜肽及高滋潤度的微膠囊精華，推出從洗顏到精華霜整個系列，其中我還挺喜歡導入液，因為能提升肌膚後續保養品吸收力很重要！尤其有時肌膚狀況差，怎麼保養都不給力時！它的成分中除了燕窩精華及能量煥白胜肽，還有熊果素、甘油及甜菜鹼，能舒緩乾燥及粗糙肌膚，質地輕盈容易滲透，率先為肌膚打開吸收保養品的通道，肌膚通了就什麼都好了！

Bio-essence碧歐斯 燕窩胜肽活顏導入液
容量：100ml／建議售價：NT$590

goods
#09

瞬間彈潤飽滿
天天啟動彈、潤、白

一瓶三效喚醒年輕肌膚

專櫃成分＆親民價格

之前這款剛上市時，我就說這根本就是專櫃等級呀！因為它採用的保養原理及成分都非常專櫃，這款調理精華同時添加了前導精華成分，也添加了「98%高純度酵母精華」，還有能幫助肌膚角質代謝的天然鳳梨萃取物，同時擁有代謝、彈潤及軟化角質功能，用法也很多樣，可當一般精華液使用，也可在化妝水後、精華液前使用，當成前導精華，還可以跟化妝水混在一起進行濕敷，是一款百搭用的肌底保養品。

L'OREAL PARIS巴黎萊雅 青春密碼酵素肌底調理精華
容量：30ml／建議售價：NT$800

+One%歐恩伊 微元素奇蹟保濕精華液
容量：30ml／建議售價：NT$600

微量元素更加速修護力

補水、吸水、鎖水

這款被暱稱為「保濕小藍瓶」的保濕精華，我第一次認識它時剛好是三麗鷗雙子星的限定瓶，非常可愛！很多女藝人及美妝保養編輯都有分享過它，因為它保濕力極強，2013年推出時，就被編輯喻為當年最強保濕精華液。它能補水、吸水、鎖水，主要還有鋅微量礦物元素，所以可以一邊保濕，一邊修護肌膚，讓乾荒肌膚快速恢復健康，夏天用了清爽，冬天用也很給力，清新的香味連男生都OK！冬天的時候我甚至把它拿來擦全身，真的滋潤度超好的。

保養成分不易吸收等困擾
全方位解決黯沉粗糙

這是之前模特兒介紹我用的，因為我三不五時還是會長個痘痘，或是每天化妝難免會長一些粉刺，這罐根本是居家煥膚界的翹楚，早年的煥膚保養品在使用程序上比較複雜，誰先誰後或誰多誰少是連我都常常錯亂，所以我都盡量少用，以免越弄越糟，但這罐運用了最高濃度的杏仁酸，但卻安全溫和，使用方法就跟一般精華液一樣，我每次用完之後再敷上保濕面膜把它當成一個療程，效果超好，那些悶在裡面的粉刺都會自動消失，難怪這罐聽說每15秒就賣出一瓶，大家都愛。

 # DR.WU 杏仁酸亮白煥膚精華18%
 # 容量：15ml／**建議售價**：NT$800

 # ORBIS =U 系列潤澤活顏化妝水
 # 容量：25g／**建議售價**：NT$750

來對抗各式各樣肌膚煩惱
新象徵無油分保養系列

ORBIS=U是ORBIS保養品中的重量級系列，因為抗老總是與油分劃為等號，這系列就是要標榜100%無油抗老理念，以嶄新的抗老保養理論再進化！ORBIS發現因年齡增長而損傷的酵素是老化主因，所以ORBIS=U能激發「酵素活性」來提升美肌能力，因此抗老不一定需要油分。全系列有5品，我特別推薦化妝水，因為它在沒時間保養時，也能提供肌膚足夠的保濕力，而且質地清爽不黏膩，濕敷效果也很不錯。

真心不騙

#Ming Chuan Lee

第五代玻尿酸結合大、小分子玻尿酸，及玻尿酸多醣體、玻尿酸保濕因子，屬於濃稠型化妝水，還添加了氨基酸保濕複合物與植物性類分子酊，用來急救濕敷的效果就如同用了保濕面膜一般，還能長效保濕，讓肌膚充滿水潤光澤。其實出國工作時，為了怕肌膚出狀況，我都會攜帶成分單純的保濕保養品，這款化妝水除了效果好，還能引導後續保養精華有效吸收，搭配化妝棉或直接用手按壓肌膚也OK，能快速修復乾燥肌膚。

能引導後續保養精華有效吸收

DR.WU權威醫師的保濕配方

goods #14

DR.WU 玻尿酸保濕化妝水

容量：150ml／建議售價：NT$700

goods #15

源自韓國皮膚美容專科

馬格利酵母強大修護力

韓國微型美容很盛行，所以這系列保養品源自於韓國江南皮膚美容專科，最初是用來提供給消費者術後使用的保養品，但許多消費者都會回去索取，於是reSKINZ帶回專業研究室分析，發現保養品當中含有「馬格利酵母」，這成分來自韓國米酒，它能帶給術後肌膚最需要的養分，並快速重回健康代謝力，連敏感性肌膚都可以使用，因此開啟了台韓合作契機。其中我最喜歡的就是這款如同精華液的微乳型化妝水，可以快速潤澤角質層，提升後續保養成效！

#reSKINZ 瞬透活水超滲透精華活水液

容量：150ml／建議售價：NT$680

goods #16

絲綢般的細膩觸感

一抹上肌膚立即有感

為什麼特別標明「含ATP」？它其實是三磷酸腺苷，是一種極微小的分子，主要像燃油一樣供應人體的各種需求。而亮膚特性主要是添加高濃度的綠茶精華、人參、枸杞、蜂王乳及ATP，能加強肌膚抗老化功能，綠茶精華更是自然界極佳的抗氧化劑，能淡化細紋和皺紋。它用起來不像一般精華液，質地像精華油但分子很細，用起來不會油油的，反而有種絲綢般的觸感，膚觸感受很高級。

Bio-essence碧歐斯 神奇亮膚精華

容量：40ml／建議售價：NT$850

goods #17

光潤澄淨七大功能

啟動肌膚新生模式

這款機能液我已經用掉三瓶以上，從2014年推出，等於引領化妝水進入「類精華液」高效時代，最主要功能是調整肌膚角質層，因為肌膚好壞取決於角質層，所以這款機能液能照顧到角質層紋理、潤澤度、透明感、防護力等，角質層水分越盈滿越健康，增強後續保養品吸收力。角質層水分盈滿出油量自然減少，牡丹根萃取還能抑制皮脂過度分泌，另外還有抗氧化成分及亮白肌膚的傳明酸，我常用來濕敷，快速提升保濕持久度。

IPSA 美膚微整機能液

容量：150g／建議售價：NT$1,000

真心不騙

#MinaChuanLee

一同改善十大老化膚況 有玻尿酸效果但免挨針

用玻尿酸進行肌膚的抗老化？玻尿酸不是主打保濕嗎？其實這款緊緻精華能做到如同到醫美診所打玻尿酸般的效果，可說不用挨針而且業界最安全，主要是它使用了滲透最快、分子最小的活性玻尿酸，能直達基底膜及真皮層，促進細胞活化重建表皮、延緩細胞老化，再加上薇姿專利抗老成分——銀樺超導修護精萃，一同改善十大老化膚況，不管幾歲，只要感覺肌膚有老化徵兆即可開始使用，連敏感肌也OK。

VICHY薇姿 R激光賦活緊緻精華

容量：30ml／建議售價：NT$1,860

深入肌底活化滋養 超高濃度活膚露

以90%高濃度活膚露，為肌膚帶來如同使用精華液般的保濕效果，主要成分「黃金五胜肽」能促進膠原蛋白增生，為肌膚注入水分同時提升肌彈力，使用前先搓熱雙手後，滴個2～3滴在掌心用於全臉肌膚，另外還有維他命B3與透明質酸鈉，更能加速肌膚表層更新，不讓老廢角質阻礙保養品的吸收。

OLAY 新生高效緊緻活膚露

容量：150ml／建議售價：NT$890

以輔酶Q10及尿囊素呵護肌膚

乳狀質地化妝水不輸乳霜

說到DHC的保養品就一定會想到輔酶Q10，這個成分也是從DHC才開始接觸到的，而這個系列能有明顯的效果，主要也是因為成分中還添加了可以預防肌膚粗糙的尿囊素等。其實很多人都無法好好的花時間使用化妝水，更沒時間用化妝水來濕敷，這時選擇精華乳質地的化妝水最適合，除了能確實修護乾燥肌膚，滋潤度還不輸乳液及乳霜，所以對於忙碌族群來說，這款化妝水可以防止懶於保養所帶來的肌膚問題。

DHC Q10晶妍緊緻化粧水
容量：160ml／建議售價：NT$1,180

加強肌膚防禦力及恢復光澤

萃取100%天然植物成分

克蘭詩非常重視爽膚調理步驟，加上保養前得先舒緩肌膚，所以推出花草化妝水，有洋甘菊、蘆薈及鳶尾草三種，我的肌膚最需要洋甘菊來舒緩。它萃取100%天然植物成分，含洋甘菊以及菩提花等植物精華，能柔軟潤澤，讓乾燥肌膚恢復光澤，主要還有生物性低聚糖活性成分，能加強肌膚防禦力及皮脂膜平衡，維持角質層健康力是換季不穩定肌膚最需要的，還能同時增強肌膚深層保水力，與其敏感時才照護肌膚，持續打造健康底子才是根本。

CLARINS克蘭詩 洋甘菊化妝水
容量：200ml／建議售價：NT$1,050

goods #22

堪稱植物的靈魂之水
第一道蒸餾才是好花水

只有用第一道蒸餾的花水才是對肌膚有幫助的，因為這樣才能保有更多植物的微量元素、礦物質、維生素，這款花粹融於花水中的精油濃度也比市面上一般的花水還要更高，玫瑰花瓣蒸餾過後具有高度的保濕功效，能夠提升角質的緊密度。我是除了當化妝水之外，還會拿來當面膜濕敷全臉、有時候還用來去除頭髮異味、以及幫助曬後肌膚降溫等，而且第一道頂級花水還可當漱口水使用，簡直用途多多，果然是植物的靈魂之水。

\# Melvita 玫瑰花粹

\# 容量：200ml／建議售價：NT$1,180

\# ALBION 健康化妝水N

\# 容量：165ml／
　建議售價：NT$1,980

goods #23

你我他的「健水新習慣」
六十年配方不變但持續升級

只要說到「先乳後水」或是「濕敷」兩字，大家一定會第一個想到──健康化妝水！這款已經六十歲或更久、而且從沒改過配方的高濃度薏仁精華水，讓大家養成「健水新習慣」，每天早晚搭配專用化妝棉（我試過用別家化妝棉，還真的效果不好），重點是要在滲透乳之後使用，這是她們與一般品牌最大的不同。使用健康化妝水會有種特殊的清涼感，所以我覺得很提神，尤其是早上起床精神不佳（肌膚還沒醒過來）的時候非常舒服，再加上它獨特的花草香以及使用後的舒爽感，我個人是算不清楚用過幾瓶了，但我一家婆媽姐妹們都是死忠粉絲，這倒是真的。

以精華油加強Step 1

給你重置肌況的奇蹟

它是清潔肌膚後第一道使用的奇蹟精露，但它不完全是化妝水質地，因為成分中添加白檀香、酪梨、玫瑰草等三種天然精華油，所以算是微晶精華油前導精露，的確能帶給肌膚奇蹟，因為當肌膚因乾荒及代謝降低而影響保養品吸收力時，在保養前需先使用精華油來潤滑並暢通管道，加上成分中使用了含豐富礦物質的海洋水，第一道保養就能重置肌況，回溯肌膚根源，精華油還能柔軟肌膚，並形成光亮保水膜，這樣的肌膚才能胃口大開，吃進有效保養成分。

THE FACE SHOP 義萃肌源奇蹟精露
容量：130ml／建議售價：NT$1,350

DHC 逆時A新肌素
容量：5g×3／建議售價：NT$980

不容歲月停泊於肌膚

逆時精華讓美顏定格

這款剛推出時就很受歡迎了，為了維持維他命A的穩定，採用完全密封鋁製軟管包裝的特殊保養形態，而且維他命A是調節成長、視力及細胞分化增生很重要的角色，以肌膚保養來說，更是對付肌膚鬆弛及細紋最厲害的成分，還能平復因面皰所導致的疤痕，讓肌膚更顯光滑細緻。使用步驟為保養最後一道，也就是乳霜之後才上，全臉都可以使用，也可以只加強在細紋部位。

提升素顏美肌力的柚萃水

雙層油水黃金比例一用成主顧

這就是最近非常火紅的「柚萃素顏水」，標榜用了之後連素顏都能美美的上鏡頭！自從艾博妍進來台灣市場後，這款素顏水就不停的被推薦，更是我最近的心頭好，所以當然要分享！它是乳液與化妝水合一的保養品，擁有雙層黃金比例，所以只要一道步驟就可以幫肌膚補水又補油，油水平衡一次到位，不只是我自己，連幫模特兒上妝前也會用，再粗糙乾燥的肌膚都能提升光澤度，畫出服貼的底妝，而且柚子的味道很清新，能讓心情充滿活力，不論男女都會超喜歡。

\# erborian艾博妍 柚萃保濕精露
\# 容量：190ml／建議售價：NT\$1,350

能立即給你喝飽水的感覺

添加與肌膚相同的礦物元素

有時發現使用礦泉水噴在肌膚上時，很快就能解決乾燥問題，明明很清爽效果卻顯著，主要是因為礦泉水中含有跟肌膚相同的天然礦物元素，而這些元素一旦缺乏就很容易造成敏感問題，抵抗力也會變差，所以有時候我都會用這款化妝水來濕敷，補充肌膚的礦物元素。高保濕有一整個系列，主成分就是來自美國猶他州礦泉的植物性礦泉水，水分子很細小，還有玻尿酸跟甘油，所以肌膚很快就能有喝飽水的感覺，同系列的高保濕面霜也很好用。

\# BOBBI BROWN 高保濕化妝水
\# 容量：200ml／建議售價：NT\$1,250

以靈芝能量先行舒緩鎮定
肌膚不舒服時就找Dr.Weil

連醫學博士Dr.Weil都懂得靈芝的厲害，這款被暱稱為「靈芝水」的調理機能水，有陣子我用得很兇，因為你可以明顯感受肌膚被療癒的感受，Dr.Weil認為當肌膚失去抵抗力及免疫力時，一定要先安撫肌膚，運用到珍貴的靈芝、冬蟲夏草，升級版還加入白樺茸與沙棘子，以高度抗氧化功能減緩肌膚發炎狀況，曬後濕敷較果極佳，平日濕敷也有一種先幫肌膚買保險的感覺。

ORIGINS品木宣言
Dr.Weil青春無敵調理機能水

容量：200ml／建議售價：NT$1450

解決現代人壓力肌問題
如同居家常備良藥一般

我一直都很推崇Kiehl's的品牌精神，我用了他們很多東西，像一號護唇膏、藍色收斂水、高效清爽UV防護乳等都很好用，也因為它們家光是化妝水就有七種，所以這次就先分享這瓶堪稱「必敗」的明星商品！這瓶非常適合現代人的壓力肌，可以平衡油脂、收斂毛孔、改善粉刺痘痘，還能幫肌膚鎮靜消炎、舒緩泛紅，現代人動不動就敏感，不如就把這款化妝水當作梳妝台上的居家常備良藥。

KIEHL'S 金盞花植物精華化妝水

容量：250ml／建議售價NT$1,450

goods
#30

更能提高亮白成分功效
充滿水分的健康肌膚

M.A.C亮白C有完整的保養細列，主要以類醫藥、藥效性亮白保濕因子，及舒緩植物菁華混合物來平衡肌膚，幫助改善肌膚的透亮度，保濕化妝水還添加了紅色電氣石和蠶絲的I-WATER，充滿水分的健康肌膚，更能提高亮白成分的功效，保濕與亮白本來就息息相關。美白因子能預防紫外線所造成的黑斑及雀斑，減少膚色不均，增加肌膚的透晰度、亮度及光澤度，覺得肌膚特別黯沉的時候也可比用它來濕敷。

#M.A.C 亮白C保濕化妝水
容量：150ml／建議售價：NT$1,350

goods
#31

第一支專櫃精華液
為肌膚充飽電

我們都叫它「肌膚電擊棒」，因為肌膚細胞的更新速度，會隨著壓力、疲憊及環境侵襲因子而逐漸衰退而變慢，所以這款復活精華可以發揮如同電擊棒的效果，讓肌膚層層發揮充飽電的狀態，回到該有的速度，你要說它是充電器也行。充飽電後，它能讓細胞加速分裂及代謝，然後優化表皮細胞品質，生出健康的新細胞，在肌膚細胞分裂、熟成、脫落的三個主要發展階段，提供肌膚最需要的養分就是這款精華的任務。

#CLINIQUE倩碧 能量復活精華
容量：30ml／建議售價：NT$1,900

取材於首款香水配方

淨化、平衡、保濕,完美醒膚

Omorovicza的明星成分就是匈牙利純淨抗老溫泉水,而這款醒膚露其實源自於14世紀獻給匈牙利伊莉莎白女王的香水,還被法國香水博物館典藏!Omorovicza取材於歷史上首款香水的配方,結合橙花、玫瑰、鼠尾草三種純露達到淨化、平衡膚質及保濕效果。也因為它的味道很療癒心情,溫泉水又很適合隨時醒膚與補充美肌礦物質,我都會隨身攜帶在化妝包中,跟護手霜一樣想到就隨時用一下,絕不讓肌膚出現任何疲態。

Omorovicza 匈牙利皇后醒膚露
容量:50ml／建議售價:NT$1,800

最早的一瓶多役保養品

更將肌膚細分為十七種型態

2016年9月推出全黑瓶ME濕潤平衡液「極致」系列後,從1987年開始的8瓶ME濕潤平衡液至今,全部17瓶終於到齊。這系列剛推出時引起很大的討論,因為每一個年齡層膚質都有著不同需求,以年輕基礎型來說就被細分成四種質地,3號代表混合性肌膚專用,也是需求量最高的號碼。現在除了到櫃上以專業儀器進行肌膚檢測外,官網也能檢測出你適合的品項,基礎型還添加了紫蘇萃取,能有效抑制膠原蛋白纖維糖化,打造輕透白皙超透感肌膚。

IPSA ME濕潤平衡液「基礎3」
容量:175ml／建議售價:NT$1,850

goods
#34

讓肌膚每天都擁有活力人生
保養開外掛神奇小橘瓶

這真的是美妝界熱騰騰的創新保養概念，因為連保養居然都要「開外掛」！而且這瓶小小15ml的神奇小瓶研發了十年，它其實有橘瓶、藍瓶及綠瓶，分別代表不同功能，當肌膚需要時，只要加入幾滴Booster在慣用的乳霜或是霜狀面膜中，將兩者混合以後，就能創造無上限的超效保養成效！藍瓶是修復含羞草，綠瓶是淨化綠咖啡，我最推薦的「激活小橘瓶」則是活力人蔘，因為它的人蔘萃取精華能讓肌膚告別疲態，讓我的肌膚每天都擁有活力人生。

#CLARINS克蘭詩
激活小橘瓶（活力人蔘）

容量：15ml／
建議售價：NT$1,500

part 2
物超所值
超高CP
NT$ **2000-8000**

---

goods #35

除了保濕還有明顯緊緻效果
毫無負擔的純淨高效能

來自英國的REN，源於創辦人Antony的太太初次懷孕時對所有保養品產生過敏反應，因此激發他與工作夥伴Robert共同研發對肌膚毫無負擔的純淨、高效能保養品，光是這原因就能讓我用起來很安心！另一個特色是具舒壓效果的清新植物香氣，尤其是玫瑰香。像這款品牌銷售第一的保濕精華就是以大馬士革玫瑰花水為基底，再加上能修護及緊緻肌膚的藻膠及瞬效多元玻尿酸，所以除了保濕，還能帶來我最需要的明顯緊緻效果。

 # REN 凍齡高效保濕精華
 # 容量：30ml／
建議售價：NT$2,100

goods #36

連防禦及更新力皆一同強化
不止要提升肌膚吸收力

它是一款清潔後、化妝水前使用的前導型保養品，可是這又跟其他的導入型保養品有何不同？因為一般產品只強調是「增加後續保養品的吸收力」，而這支強調的是「提升肌膚防禦力，再強化更新修復力，同時加乘保養功效」，所以比起保養品的吸收力提升，它更在意所謂「沒有健康膚質啥都免談」的原則！主要成分為能修護肌膚的海茴香植萃、建立屏障的亞麻籽植萃及提高吸收效率的草綠鹽角草植萃，因為效果優秀大受歡迎，還推出大容量讓粉絲瘋狂囤貨！

 # Elizabeth Arden
伊麗莎白•雅頓
SUPERSTART
奇肌超導活妍精華
 # 容量：30ml／
建議售價NT$2,500

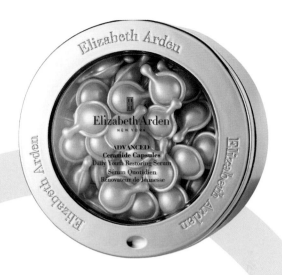

兩週重現零肌齡的完美肌質
黃金膠囊傳奇再添新頁

這是才剛上市不久的熱騰騰新品，還沒推出前就已經眾所期待了，因為雅頓原本的黃金導航膠囊就已經很好用了，擁護者一堆，很多女藝人保養時都只用一顆雅頓膠囊就足夠，是每年母親節及週年慶狂補貨的聖品，現在還推出超進化版本，這當然一定要分享！其實也可以說它是美容油，尤其新一代更添加了類肌膚細胞必要的脂質，用來提升修護力，還濃縮了三倍抗老功效，每天晚上使用，只要14天就能感覺到緊、彈、潤，而且最恐怖的是全世界是每3秒就賣出一顆，感覺邊用有種邊跟別人搶貨搶贏的感覺。

Elizabeth Arden伊麗莎白•雅頓
　超進化黃金導航膠囊

容量：60顆／建議售價：NT$3,650

藥蜀葵不止保濕還能舒緩
保濕急救或當刮鬍水都OK

雖然是前導露，但它的質地略為濃稠，我都會用它來當作保濕急救品，或是在刮鬍後輕拍肌膚用以鎮定舒緩，也因為它的保濕力足夠，所以沒時間保養或極簡派也建議可以使用！它能夠讓保濕立即有感是因為「藥蜀葵」，乾燥的藥蜀葵只要加點水，根部所含豐富黏液就會釋出，因為根部儲存了大量水分、養分及生長因子，所以這款前導露可以將藥蜀葵活性成分滲透至肌底並回流於肌表，使保養功效加乘，另外還混合七項草本配方，能舒緩平衡肌膚。

Jurlique 肌源活化前導露

容量：150ml／建議售價：NT$2,250

美妝界的大膽創舉！
肌表面立即收緊

「與韓國江南同步，免侵入、免動刀削臉精華液」就是它！個人對這種能將臉皮拉緊的保養品特別喜愛，尤其是它擁有厲害專利成分，就是取自海星的八爪海星精華、河豚肉毒桿菌及鮭魚胎盤精華等等，光是這三個成分就夠驚人了，難怪它用起來可以有「一繃二提三膨潤」的效果，使用時還可以用加強臉部輪廓的按摩法，搭配超濃V臉配方，肌膚表面真的可以立即收緊，就好像被八條隱型絲線一起向上提拉般的感覺。

HAN ROON韓潤 隱型八爪緊緻精華

容量：30ml／建議售價：NT$2,980

每一分鐘就賣出一瓶 與體溫相同的發酵溫度

品牌特色是利用韓國傳統自然發酵工法所推出的「自然發酵」保養法，「37°」代表人體體溫，也是天然成分發酵的最佳溫度，所有產品中的成分皆在攝氏37度下發酵而成，最適合人體肌膚使用，光這個概念就讓我折服不已！這款肌秘露中的每一滴都蘊含透過365天自然發酵的珍貴核心複方酵母成分，清爽質地還帶有淡雅清香，也因為發酵過程讓分子更細緻更好吸收，前導效果特別好。

su:m37°　甦秘青春奇蹟活酵肌秘露
容量：80ml／建議售價：NT$2,680

韓團成員也超愛用 六十年抗老科研水油黃金比例

説到植物油專家，其實克蘭詩早就開始在提倡油保養了，而且獨創的「水＋油黃金比例」系統比現在的油水合一劑型還要更先進，因為它用的是雙劑型分離的瓶身設計，擠出來之前才油水混合，而且當時對植物油成分還沒那麼關注，加上它使用起來還是很接近精華液，保濕潤澤效果很顯著，所以大受好評，連很多韓星都在Instagram上發表黃金雙激萃的愛用宣言！其實它的油劑型選用的是有機薔薇果籽油，另一邊則是擁有二十種植物精萃的抗老精華液，混搭起來更接近精華的質地，所以非常適合用來穩定肌膚。

CLARINS克蘭詩 黃金雙激萃
容量：30ml／建議售價：NT$2,700

goods #42

三種分子質量玻尿酸
鎖水、保水更能補水

含有多種活性成分的三重透明質酸賦活精華，其中的透明質酸（玻尿酸）擁有驚人的攝水能力，能攜帶充沛的水分，更是肌膚各個部位最需要的成分。而三種不同分子質量的透明質酸，能進入肌膚角質層、表皮層及肌底層，將水分帶給需要的部位，同時鎖住水分，防止肌膚所擁有的保濕成分蒸散流失，並協同膠原蛋白作用，促進維持飽滿膨潤、彈性十足的健康膚質，每天早晚於化妝水後使用，大中小分子玻尿酸一起「進擊」，是它比一般保濕品效果更明顯的原因。

L'ERBOLARIO蕾莉歐
三重透明質酸賦活精華
容量：28ml／建議售價：NT$2,800

goods #43

如同肌膚的藥引子般
為肌膚滋陰潤補緩解乾燥

「潤燥」兩字其實很能表達這保養品的精神，也非常有東方哲學概念，內外合一，身心靈才能達到平衡。潤燥精華以韓方藥理智慧為根基，1997年上市以來，在全球已經獲得79個美妝獎項，20年來依舊是雪花秀人氣度最高及入門推薦經典品！目前的成分已經是第四代了，它其實不算是精華液，因為它的特色是清潔肌膚後就使用，就像是肌膚的藥引子般，先緩解肌膚乾燥狀況，讓膚質柔軟細緻後，就能有效提昇後續保養品的功效，為肌膚滋陰潤補。

Sulwhasoo雪花秀 潤燥精華EX
容量：60ml／建議售價：NT$2,780

goods
#44

連眼周肌膚也能使用

海藻美容急救聖品

海藻成分的功能除了保濕之外，豐富的礦物質及微量元素，其實還擁有細胞修護功效，所以這款精華保濕液是美容界中絕佳的「美容急救聖品」。內含海藻萃取精華，可有效促進肌膚的代謝，強化肌膚防護，持久保濕，能使疲憊的肌膚維持彈性與飽滿，質地清爽不黏膩，還能使肌膚柔嫩光滑、緊緻，而且連眼周肌膚也可以一起使用，不需要再多使用眼霜。除了海藻萃取精華外，還添加了植物水解蛋白、複合維他命等等，各種膚質都能早晚使用。

L'ERBOLARIO蕾莉歐 海藻多元植物精華保濕液
容量：30ml／建議售價：NT$3,000

goods
#45

給肌膚全天候柔滑感

來自日本的十大植萃

美樂家以「先修護再補水」的概念設計這款菁華乳，更是專為敏感肌設計的保養品，屬於清爽好吸收的凝乳質地。成分中透過先進微膠囊傳導科技，完整包覆植萃精華、玻尿酸、蜂王漿等保濕修護成分，迅速滲透進肌膚底層，植萃精華中還含有舒緩的丁香、牡丹、綠茶等，保濕的部分則使用了銀杏、人蔘、百里香等共十種成分。換季或肌膚極缺水時，可以厚敷當作面膜使用，加強保濕，補水鎖水，提升肌膚防護力，同時也讓肌膚狀況更加穩定。

美樂家 輕の肌高效舒緩菁華乳
容量：30ml／建議售價：NT$2,050

雙倍美白力回復晶透美肌
淨化&防禦加速調控斑點

2004年，當資生堂推出「美、透、白」系列時，教會大家「美白不能只是白」的觀念，還要有透明感，2010年再推出新美透白，以4MSK及傳明酸抑制黑色素形成，2016年更厲害的美透白發現，真正的美白還要透過淨化與防禦，從回到自我防禦能力中，來維持肌膚本來的美白力，而雙核就是淨化與防禦。這款精華除了原本的4MSK，再添加吉野櫻、地黃根萃取來加強防禦，用起來還有玫瑰香，就像瓶身設計的感覺，肌膚美白及心情舒緩兼具。

\# SHISEIDO資生堂國際櫃 美透白雙核晶白精華
\# 容量：30ml／建議售價：NT$3,000

讓你無痕放心笑開懷
鎖定肌膚老化三大主因

這個厲害了！大家都知道抗皺最需要的成分就是維他命A，但維他命A遇光、熱及空氣中的氧，容易產生不安定的特性，其他品牌都不敢加太多，相對效果就有待商榷；可是這款抗皺精華乳為了效果，不顧一切添加高純度維他命A！皺紋部分大多泛黃黯沉，因此再加上4MSK雙管齊下，並採用內層為鋁片層的特殊軟管，讓成分新鮮封存於管內不變質。每天晚上於保養最後一道使用於法令紋及皺紋處，效果顯著，白天使用時要加強防曬。

\# SHISEIDO資生堂東京櫃
全效抗痕白金抗皺精華乳
\# 容量：15ml／建議售價：NT$3,300

goods #48

含珍貴又迷人的玫瑰精露
保濕並提升後續保養吸收力

只要去Sisley做臉部SPA，就一定會使用到這款化妝水，聞到味道的消費者也一定會馬上詢問，所以也可以說是Sisley的入門。成分富含珍貴玫瑰精露，是一款能讓肌膚及心情都一起放鬆的化妝水，用過的人都會想把它帶回家。玫瑰精露能紓緩滋潤肌膚，幫助後續保養品吸收，最棒的是，它還可以濕敷眼部，消除眼周肌膚的乾澀與疲勞，是必備療癒系保養品。

\# sisley 花香化妝水

\# 容量：250ml／建議售價：NT$3,000

goods #49

分秒抗皺奢華精萃
經實證二十八天看見年輕

除了頂級魚子精萃很讓抗老族群著迷外，還添加了最近在美白及抗老保養上非常流行的白藜蘆醇，來自葡萄的白藜蘆醇能讓膚色更明亮、更均勻。這款精華主要的保養功能是提升肌膚原有修復功能，所以還添加了來自深海的杜莎藻精華、Q10、維他命E及活性抗老胜肽，擦完臉上毛孔細緻到讓人以為我去偷打了淨膚雷射！

\# 美樂家 水‧貝娜晶鑽魚子賦活精華

\# 容量：30ml／建議售價：NT$7,500

全新機能型美白精華
斷開麥拉淋色素生成連鎖

年齡越來越大，讓斑點從冬天到春天都無法淡化，到了夏天又更明顯，很多人都有這樣的困擾吧！這款瞬透精華XX擁有美白精華的「第一次」，例如這是第一瓶採用麴酸加上雙重複合效果製成的精華，也是第一瓶以麴酸美白效果加上尿囊素一同改善肌膚狀況的精華，因為麴酸能抑制麥拉寧色素，尿囊素則能舒緩斑點部位乾燥問題。KOSE發現肌膚乾燥問題是斑點問題更加根深蒂固的原因，所以不用再擔心要美白還是要保濕，這瓶都可雙管齊下。

KOSE高絲 無限肌緻淨斑亮顏瞬透精華XX
容量：40ml／建議售價：NT$3,450

喚醒肌源活力拉提逆齡
搭載多重因子賦活肌底

訊聯生技累積17年專業技術，研發「原生動能科技」，原生動能高純度因子能迅速滲入肌膚底層，由內而外為肌膚傾注源源不絕的膠原活力，從根本修復肌底，重新喚醒肌源活力，還能一次啟動五大抗老修護完美平衡。獨家「雙劑型」設計，保持有效成分活性，所以使用前才將小瓶的賦活露倒進賦活晶鑽瓶器中搖勻，於清潔肌膚後，化妝水前使用，一次1ml，7天內就要用完，連續使用，很快就可以將肌膚的膠原蛋白給找回來！

訊聯生技 RE.O原生動能賦活精萃
容量：8ml、150mg／建議售價：NT$3,500

goods #52

因為新鮮時的效力最強 維他命C只在使用前釋放

這個全新保養品厲害了！新品發表會當天還直接用氧化新鮮蘋果做實驗，滴入2滴這款安瓶輕輕一抹，氧化的蘋果切面立刻像剛切開一樣新鮮，讓媒體們大驚！而且產品的設計也很有意思，瓶底有一個獨特設計的booster，使用前輕輕一壓，10%的高純度維他命C就能跟舒緩乳液混和，每天早晚使用各2滴，於精華液前加強保養，也可加入乳霜中一起用，一瓶7天分量，一組使用28天（但其實可以用到一個半月沒問題），一週就很有效果

**# CLINIQUE倩碧
鮮萃瞬效安瓶高純度維他命C**
容量：8.5ml×4入／
建議售價：NT$3,400

#SK-II 青春露
容量：230ml／
建議售價：NT$5,480

goods #53

三十年後肌膚依然晶瑩剔透 二十歲的選擇改寫肌膚未來

青春露有多神？相信不用我多說！蘊含90%以上PITERA精華讓肌膚的五大美肌度都明顯提升，它是第一款水狀精華液，不管是按壓或拍打都能有很棒的效果，當然奢侈一點就用來濕敷，我自己覺得最明顯的差異就是毛孔的變化，再來是兩頰再也不會乾乾的，所以我個人是用過就再也回不去了啦！

更是名媛仕女追逐的美肌新寵
知名好萊塢男星名人的最愛

濃縮精華露是精華液等級的化妝水角色，所以使用步驟為保養第一道，用來幫後續保養做好完美的第一步準備！成分中除了結合海洋拉娜奇蹟濃縮精華外，還有活力再生發酵精華及專利柔膚磁解水，所以保養前不先用它會沒安全感！感覺就像是肌膚的「能量水」。我熱愛它的原因是，它還能當作刮鬍前保養及鬍後水使用，甚至經過日曬後發紅的肌膚，這款濃縮精華露還可以幫肌膚鎮定舒緩，所以它的定位很萬能，難怪稱它為能量水。

 # LA MER海洋拉娜 濃縮精華露

容量：150ml／建議售價：NT$4,700

自我保護才是保養之道
率先提出肌膚防禦力問題

紅妍肌活露大受歡迎不只是效果好，更是它研發了20年的成果，在2014年的時候，也是紅妍肌活露首先提出肌膚的防禦力問題，於是大家開始重視肌膚的自我保護能力，因為內因性及外因性老化問題無法改變！它使用的步驟為化妝水後、精華液前，主要是在保養流程中多加一道能量的注入，主要是以專利保養成分來修補肌膚的防護牆，維持肌膚自我保護系統，使用後有一種光滑保水膜的感覺，清新花香調則完美舒緩心情。

SHISEIDO資生堂 紅妍肌活露
容量：50ml／建議售價：NT$3,600

有效舒緩保濕及修護肌膚
加強後續保養品吸收

含玻尿酸、蘆薈、犬薔薇萃取，可以提高肌膚膠原豐潤感、修復肌膚的細紋及黯沉，回復肌膚柔軟平滑。如水般清新的質地好吸收，深層滲透扭轉乾燥對肌膚造成的老化，不只是保濕，更是促進整體肌膚的角質代謝，達到持續保濕的效果，讓乾性肌膚也能提高保養品吸收力。它的使用程序比較特別，主要是在基礎清潔、化妝水之後使用，所以也可以說是精華液的前導。

ERNO LASZLO奧倫納素 能量賦活瞬效保濕前導液
容量：30ml／建議售價：NT$3,800

連續使用六十天極效膠囊

人生重要時刻你最正

其實這種膠囊式保養品有它使用上的便利性，保存也方便，一次使用一顆的量不多不少，也不用擔心用量不足或過多！雅詩蘭黛的特潤超導修護露本來就已經很紅，不需要多分享，因此跟大家聊聊這款安瓶。它專門讓你在重要時刻前密集使用，例如每晚一顆、連續七天就能讓肌膚重拾活力，或是經期來臨的前兩週也可以配合賀爾蒙的改變來進行生理期保養，當然針對兩個月後的婚禮，這款安瓶也能讓你連續使用六十天，是目前最具話題性的極效保養品。

ESTEE LAUDER雅詩蘭黛
特潤修護60天極效安瓶

容量：60顆／
建議售價：NT$4,980

八十二種極優的韓方原料

讓肌膚吸收力火力全開

為什麼韓國女星的肌膚那麼好，因為她們在清潔肌膚後，會先使用前導美容液並搭配按摩，讓皮膚的吸收力火力全開，讓後續保養效果更快速、更有效！比起用一大堆瓶瓶罐罐，清潔後讓肌膚先喝杯水增加循環力更重要。這款循環精華還能維持健康肌膚的「活氣」、「浮氣」、「火氣」三種氣，成分中含有當歸、鹿茸、百里香屬等含有82種極優的韓方原料，再加上有枸杞子、山藥、人參、地黃等成分的「解鬱丸」，持續使用，越用肌膚越健康。

后 秘帖循環精華
容量：85ml／NT$3,680

goods
#59

讓肌膚更超越晶瑩剔透
從此終結蠟黃斑點

目標14天終結你的惱人斑點！這款淨斑精華目前為亞洲銷售No.1，它能同步帶給肌膚優秀斑點瓦解力、抑制力及防禦力，而且使用過程中，會一次次縮小頑固斑點的面積，並淡化斑點顏色、減少斑點數目，同時徹底溶解斑點，更要養成不易生成斑點的肌膚，從第一代開始就很受好評，重點是，雷射術後也能使用，能降低斑點復發率。主成分為「維他命C 糖苷」及「鞣花酸」，還有紅藻、酵母萃取等成分，不僅淡斑，還能防止發炎。

#LANCÔME蘭蔻 激光煥白淨斑精華

容量：50ml／建議售價：NT$4,800

#Skincode ACR活顏美肌精華膠囊

容量：45粒／建議售價：NT$4,580

goods
#60

一顆立即滿足肌膚需求
黃金級能量抗老膠囊

單劑量膠囊包裝，使用方便，可完全封存精華不易變質、氧化，對於保養品總是用量不足的人來說很需要。每天早、晚只要在化妝水後使用一顆即可，也可加入晚霜中一起使用，用於妝前打底也可幫助持妝，想要凍齡就開始使用。主要成分為ACR G2活膚複合物，能從根本修護膚質，對抗肌齡老化，讓肌膚在經過一整天的環境傷害下，依然保有青春活力，而且最特別的是它不像其他膠囊會有點油膩，反而是有點粉霧的效果。

#化妝
精華

goods
#61

保養前使用讓肌膚食慾大開

將魚子精萃更加微分子化

説到「餐桌上的保養品」，就知道指的是la prairie，魚子系列更是很多入門者的第一首選，像是魚子豐潤美顏保濕霜及魚子美顏珍珠，身邊很多貴婦朋友已經用好幾年也沒想過要更換，因為用魚子精萃養成的美肌已經「吃」習慣了！這款前導精華，讓魚子保養效果更完整，而且這次的魚子精萃用了「水霧蒸餾」工法讓它更微分子化，能在保養前先行滲透肌膚作喚醒，讓後續美容效果更佳，半透明濃郁質地卻能快速吸收，讓肌膚胃口大開。

SKIN CAVIAR
ESSENCE-IN-LOTION

la prairie
SWITZERLAND

la prairie 魚子美顏肌底前導精華
容量：150ml／建議售價：NT$8,500

#真♥不騙

#Ming Chuan Lee

天天感受青春肌齡
使用後能明顯看見改變

1927年，Dr. Laszlo就已經為了滿足歐洲皇室與好萊塢名人間的美麗需求，著手鑽研對抗老化的保養配方，很早就開始提倡「抗老」觀念，而這款精華主要是配合肌膚週期，以四個步驟提供肌膚維持健康的平衡狀態，包括深層補水、回復彈力、緊緻輪廓及逆齡再造等。於化妝水後使用，輕拍璀璨精華素後於一分鐘內就能快速被肌膚吸收，建議再搭配無齡抗皺晶質乳霜，我通常會一季做一次週期保養療程，就像自己幫自己做SPA一樣。

ERNO LASZLO奧倫納素 逆時光密集璀璨精華素
容量：15ml×4／建議售價：NT$22,000

goods
#01

保濕保養從此更上一層樓
花王首次提出分子酊的重要

SOFINA是一個很著重研發及消費者心聲的品牌,在推出這款水凝乳液前,日本消費者對油膩乳霜可能造成的粉刺問題也非常害怕,所以搭配這款看似乳霜其實是乳液質地的產品還做了粉刺實驗報告,結論令人安心,而水凝乳狀保養品使用感清爽但保濕力卻十足,主要是SOFINA提出了Ceramide這個成分,也就是肌膚表皮層最需要的分子酊,這個成分能讓保養效果顯著又無負擔,當時推出的一系列產品包括防曬都大受台灣消費者歡迎,夏天用也很OK。

SOFINA 透美顏水凝乳液
容量:50g／建議售價:NT$500

大家心目中的安心霜
專屬極度敏感性肌膚

只要身邊有極度敏感肌膚問題的朋友，我都會推薦使用理膚寶水多容安系列，因為這可是被形容為「安心霜」的系列！市面上專為敏感性肌膚設計的保養品也不少，但多容安系列可依不同膚質及敏感嚴重差異程度，區分成四大個人化舒敏保養策略，像這款修護精華乳就是專為極度敏感及過敏性皮膚所推出，很少產品會分這麼細，還為了亞洲氣候推出清爽型。所謂極度敏感主要為病理性、化妝品不耐、雷射術後等，所以很多皮膚科診所也很推薦。

#LA ROCHE-POSAY理膚寶水
多容安極效舒緩修護精華乳（潤澤型）
容量：40ml／建議售價：NT$900

90%的蜂蜜精華不能錯過
單價低但用途多多極全效

使用濃度高蜂蜜保養品不用花大錢，這款保濕凝膠就有90%的蜂蜜精華而且全身可用，還有五種用法喔！當臉部按摩凝膠時，蜂蜜精華的彈潤因子能讓肌膚有活力，再敷一層讓你當晚安面膜使用，尤其熬夜那晚，隔天一定看不出疲憊感，平常沐浴後也可當身體乳使用，帶在身邊還可隨時保養乾燥的指緣，運動沐浴後，也可以用來當按摩霜。雖然有90%的蜂蜜精華，但質地屬於一推開就會化成水狀的清爽觸感。目前這款產品是蜂蜜控的最愛，重點是單價又低。

#SKINFOOD
蜂蜜90%全效保濕凝膠
容量：300ml／
建議售價：NT$280

就像用真的蜂蜜來保養
添加蜂蜜蛋白及蜂王漿

蜂蜜含有許多維生素、礦物質和氨基酸,所以不論是食用或是保養,自古以來就被認為具有美容和改善膚質成分。這款保濕凝露除了就像整罐蜂蜜,連成分都是滿滿的蜂蜜元素,例如水解蜂蜜蛋白、精煉蜂王漿等,光是蜂王漿就擁有40種以上的維生素、礦物質及微量元素。保養流程中,它主要是最後一道使用,所以建議可當晚霜或晚安凍膜,夏日曬後肌膚也可以用它來舒緩鎮定。

Country & Stream
新金牌天然蜂蜜保濕凝露
容量:80g／建議售價:NT$590

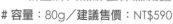

LA ROCHE-POSAY理膚寶水
全面修復霜CICAPLAST BAUME B5
容量:40ml／建議售價:NT$400

能修復各類肌膚不適
家庭常備萬用修復霜

在醫學美容興起的10年前,理膚寶水就曾為了醫學美容術後傷口,設計全台第一支「CICAPLAST瘢痕速效保濕修復凝膠」,多年來一直都是專業皮膚科醫師術後推薦的口碑產品。接著又再推出「CICAPLAST BAUME B5」,能立即舒緩、修復各類肌膚不適問題,包括口角炎、擦傷,還能避免疤痕產生。主要成分為理膚寶水溫泉水中的微量元素,還有能促進肌膚修護的積雪草苷等,所有年齡層都能使用,更是家庭常備品。

日本突破215萬瓶熱銷 一瓶可抵五種保養效果

AQUALABEL目前的代言人是梨花，她真的是很多女性的偶像。水之印用顏色來區分三大系列，紅色是保濕，藍色是美白，後來加入的金色是緊緻，系列中都是以基礎保養品為主，保養程序很簡單，後來在2012年推出了這款彈力霜，創下一瓶即可達到五種保養效果（化妝水、乳液、精華液、乳霜、晚安面膜）的先例，讓忙碌上班族多了睡眠時間，因此創下了厲害銷售數字，白天快速保養，晚上我就用它來當按摩霜及晚安面膜，它保濕力超強，第二天起床就知道它的厲害！

AQUALABEL水之印
全效3D高保濕彈力霜

容量：90g／
建議售價：NT$550

GARNIER卡尼爾
冰河泉保濕精華

容量：50ml／
建議售價：NT$349

快速補充水分為肌膚止渴 凝凍質地瞬間化水秒間滲透

卡尼爾最人氣的系列除了專業美白系列之外，就屬冰河泉保濕系列最經典、最暢銷了，而且愛用者包括很多男性消費者，它也是各美妝大賞的座上賓，獲獎無數！高山小分子活泉水保留了豐富微礦物質，而礦物質也是肌膚最需要的元素之一，所以一旦給予肌膚足夠的補充，就會有顯著效果，而且還經過皮膚專家測試，只要7天就能有效改善膚質。我最常用它濕敷於曬後的臉部及肩部，尤其是冰過後再使用，舒緩鎮定效果非常好。

保濕抗老化入門基本款

抗氧、修護、更緊緻

這款保濕修護霜是敏感性肌膚的救星，因為連問題肌膚也能有專用的抗老保養品，保濕修護霜中含有2.3%豐富的維他命E，可以完美抵抗自由基傷害，預防老化，減緩細紋產生，再加上施巴專門的pH5.5特性，能維持皮脂膜健康，降低空污威脅，除了可當一般的乳霜使用，也能當隔離霜使用。另外也添加了26%保濕滋潤配方及天然保濕因子PCA，除了抗老，更要預防肌膚的水分流失，所有膚質都能安心使用。

Sebamed施巴 5.5
保濕修護霜

容量：50ml／
建議售價：NT$680

Neutrogena
露得清 水活保濕凝露

容量：50g／
建議售價：NT$399

goods
#09

能對抗環境五大傷害

除了保濕更兼顧修護

這款保濕凝露在市場上已經是銷售常勝軍，因為凝露質地的接受度很高，又可以強效修護肌膚保護層，48小時持續補水，並幫肌膚形成修護屏障，自我保護力強，就不用擔心外力問題！它用起來雖然清爽，但成分中添加了托斯卡尼橄欖精華及微量礦物質，所以除了保濕還能強化修護力，現在肌膚保養要在意的不只是保濕，修護才是真正的王道。

goods
#10

只要一瓶南極冰河醣蛋白
乾性肌膚的單純安全保護

KIEHL'S
冰河醣蛋白保濕霜

容量：50ml／
建議售價：NT$1,350

因為這款產品推出至今已經非常久了，很早之前，身邊就已經有很多乾性肌膚的朋友非它不用，當時還想說「蛤？蛋白保濕霜？」，其實是很知名的成分——南極冰河醣蛋白啦！這款產品的另一個話題就是聯名限定包裝，之前曾推出過160週年版、張惠妹版、盧廣仲版、蘇有朋版，還有最近的165週年版。它能解決乾荒肌問題又不厚不油的原因就是「南極冰河醣蛋白」與「沙漠白茅」兩大經典明星成分，主要能幫肌膚做到全面性抓水、補水及鎖水。

goods
#11

三重AHA果酸帶給肌膚希望
除了保濕還能新生透亮

以「最受歡迎的高效能保濕霜」之姿站上排行榜，順勢成為品牌的經典明星產品，強調肌膚「持續保濕、水嫩新生、深度透亮」三大願望，我蠻喜歡它的味道以及擦完那種肌膚解渴的感覺，更重要的是它不挑膚質，什麼年齡都可以用。

philosophy 肌膚哲理一瓶希望保濕霜
容量：60ml／建議售價：NT$1,500

Nature Tree
自然白 美顏霜

容量：50ml／
建議售價：NT$1,180

goods
#12

保養同時調理膚色
無妝亮顏新理念

沒耐心等待美白保養品產生效果的人有福了，這款乳霜可以讓肌膚一邊保養，一邊就亮了兩個色階，這是現在最流行的「無妝亮顏」保養法，所以很多鐵粉都稱它為素顏霜。成分中使用了獨特科技光影折射技術，所以一抹就可以立刻白，也因為它是乳霜，所以晚上到男友家過夜時也可以使用，馬上擁有漂亮的偽素顏，保濕、亮白、舒敏保養成分還能有效調理膚質，保養同時調理膚色，有時候出外景或活動上，都直接拿這瓶幫女藝人把露出肌膚的每個位置都上一層！

belif believe in truth 50 ml
The true cream – aqua bomb
Replenished water content
18%
Dermatologically tested
*With Napiers aqua formula, Napiers original formula

belif 斗篷草高效水分炸彈霜
容量：50ml／建議售價：NT$1,260

goods
#13

用途多多的藍色凝凍霜
讓肌膚達到滿點水潤

炸彈霜聽起來還挺嚇人的，但主要是因為這款淡藍色凝凍狀保濕霜，與肌膚接觸瞬間會爆發出清爽的水分感，彷彿被水球炸到般達到滿點水潤，所以叫它炸彈霜，有如「爆漿」或「爆水」的效果！斗篷草植萃精華含大量丹寧，對肌膚的緊緻及淨化效果非常好，還可預防粉刺問題、修護肌膚受損，將粗糙肌膚變得柔滑，也因為它是凝凍狀保濕霜，所以用法很多，可以厚敷當晚安面膜，也可以當妝前保濕下地，趁炸彈霜未乾就直接上底妝，妝感會清透又服貼。

Dr.Ci:Labo
Aqua-Collagen-Gel
Enrich-Lift-EX
Simple&Result&Science
Dr.Ci:Labo

Dr.Ci:Labo
3D黃金緊緻膠原滋養凝露
容量：50g／
建議售價：NT$1,850

goods
#14

以極限音波拉皮為靈感
加上黃金威力可一瓶八役

其實保養品中只要能擁有肌膚最需要的核心精華，一瓶多役是有可能的！這款滋養凝露為了要一瓶達到化妝水、乳液、美容液、眼霜、乳霜、按摩霜、面膜、妝前液等效果，加上以極限音波拉皮對筋膜提拉的靈感，成分配方還滿特別的，有獨家奈米技術研發的黃金膠原蛋白，擁有黃金和白金的威力，能調節負離子均衡，能將有效成分確實直達肌膚底層，另外還添加了五種膠原蛋白、五種玻尿酸及五種神經醯胺，潔顏後就算只用這一瓶也能令人安心。

goods #15

少女的抗初老粉紅魚子霜

乳霜、按摩霜、面膜一品三役

大人有魚子醬乳霜，少女也有專屬的魚子醬乳霜，而且看起來就像加了魚子醬的美乃滋，所以這款全效保濕水乳霜也被膩稱為「粉紅魚子霜」！喚顏肌密系列是專門針對20代少女初老的系列，所以質地清爽但主張添加了七大喚顏成分，這專利成分就包裹在橘色魚子狀「微細膠囊」中，針對抗老、保濕、彈性緊緻、透明感、縮小毛孔、柔嫩等對症下藥，用法也很特別，它是乳霜、按摩霜也是面膜，強調高ＣＰ值，讓20代女性也養成輕抗老觀念。

goods #16

彷彿在肌膚內下人造雨

24H造水改善乾荒肌

ettusais艾杜紗
　喚顏肌密全效保濕水乳霜

容量：90g／
　建議售價：NT$1,250

LANEIGE蘭芝
　水酷肌因智慧保濕凝霜

容量：50ml／建議售價：NT$1,350

韓國地處乾冷大陸型氣候，所以韓妞一定都會隨身攜帶保濕噴霧，感覺有點麻煩，而且保濕噴霧不見得能真正幫肌膚補水，水酷肌因系列運用了獨家的補水配方，讓肌膚表層接觸到水氣分子時能產生水分磁吸效應，將水分導入肌膚底層，就很像人造雨原理，在需要的時候就能補水，如同隨身攜帶的保濕噴霧。水酷肌因系列有凝凍、凝霜跟修護霜，我個人比較喜歡凝凍與乳霜結合的凝霜質地，早晚及夏天都可以使用。

為肌膚包上保護膜

保護年齡肌不受傷害

隨年齡增長，表皮層中給予肌膚滋潤、保水的神經醯胺會逐漸減少，所以這款乳液特別從黃豆中萃取天然神經醯胺，提升肌膚保水力，再透過「長白人蔘發酵精華」，減緩因肌膚乾燥引起的細紋。「保護」的部分添加了「繡球花菇精華」與「白蘆筍精華」，可以強化肌膚建構防護屏障，幫助肌膚不易受外在環境刺激傷害及降低水分流失，所以才會形容用過它後會形成保護膜，再也不用擔心冷氣、空污、紫外線、3C及壓力等問題。

朵茉麗蔻 保護乳液
容量：100ml／建議售價：NT$1,600

於夜間加強保養修護力

一覺醒來即可恢復光采飽滿

沒有人不愛魚子能量呀！瑞貝絲的魚子成分選用來自法國波爾第海域周遭所養殖的西伯利亞鱘，擁有豐富的蛋白質及礦物質，所以對肌膚來說有很好的修護力，妙的是，這系列用除了魚子成分還有蜂蜜精華，讓抗老跟保濕能同時並進及加強。這款晚霜以魚子精華來幫肌膚去除白天來自環境的自由基及雜質，再以黃金蘋果萃取精華來淨化緊緻，小球藻、白羽扁豆蛋白還能去除老舊角質，難怪隔天起床的肌膚又光滑又飽滿，感覺肌膚睡了個好覺。

SURPUR瑞士瑞貝絲 魚子修復保濕晚霜
容量：50ml／建議售價：NT$1,780

像奶油般融化保證皮膚亮白

黃金蝸牛的再生能力

除了添加20%黃金蝸牛複合物外，白參萃取精華有美白、抗氧化效果，對皮膚亮白有令人滿意的成效，幾乎是用一次就能感覺到明亮感，加上黃金蝸牛的再生能力，及能抑制黑色素形成的白芍藥，讓肌膚更加亮白滋潤，更別說白芍藥還有突出的抗菌、抗炎作用及免疫調解等功能。它的質地有點像奶油結構，在臉上塗抹時會像奶油一般融化，能快速被肌膚吸收，就算白天使用也很清爽。

#GOODAL 蝸牛晶透亮白霜
容量：50ml／建議售價：NT$1,500

#KOSE高絲雪肌精 全能活膚凝露
容量：80g／建議售價：NT$1,200

比晚安面膜更升級

一瓶同時擁有五大功能

凝露狀保養品再進化，已經不是晚安面膜而已的時代，這款活膚凝露同時也是乳液、精華液、營養霜、按摩霜、面膜等，擁有5大功能，非常全能，瓶身設計也很華麗，還附有收納挖勺的設計，當時請到陳曉東擔任品牌大使，代表雪肌精進入一個全新的時代，也說明這款活膚凝露受到極簡保養派男性們的喜愛。雪肌精保養成分一向以草本為主，這款凝露中就添加了薏仁、當歸、土白薇、枇杷及艾蒿葉等淬取液，難怪按摩後的肌膚會如此明亮光滑。

給肌膚簡單又有效的保濕力
男性都整組購入愛用中

其實這款保濕乳，我身邊很多男生都在用，因為男性的肌膚乾起來也是很要人命的，自以為很man不好意思討論肌膚問題的話請洽ORIGINS！這系列除了保濕效果很有持續力外，男性也很喜歡它中性的包裝及植物精油般的味道，而且愛用者都是整套入手包括清潔、化妝水及精華等，保濕力具持續感的原因是成分中添加了荔枝、西瓜及菱錳礦複方精粹，能從底層造水，加上修護肌膚的復活草及保濕海扇藻等，連男性都愛用了，更何況乾性肌膚的女性！

ORIGINS品木宣言 扭轉乾坤賦活保濕凝乳Plus+
容量：50ml／建議售價：NT$1,800

美肌保濕一抹有感
全方位縮時保養

這款保濕水凝霜一直是歐洲保濕系列銷售冠軍，看起來是乳霜，但是塗抹後立即化為輕質凝乳，還能一次擁有舒緩、保濕、控油、透亮、緊緻、撫紋等6大保養功效，代表主成分很重要，因為雅漾一向以擁有完美鈣鎂比例的純淨活泉水為基礎，所以具有微量元素的修護力，而且以舒護活泉水包裹著雙相鎖水因子，最內層再包裹著南瓜籽油、酪梨油及維他命E原等成分，所以在化開的水感當中，又同時擁有極滋潤的成分，就算到寒冷國家度假也不用擔心。

Avene雅漾 全效活泉保濕水凝霜
容量：50ml／建議售價：NT$1,680

就像會透氣的「肌膚繃帶」
能保護、軟化並修復肌膚

這款潤澤修護膏有點像BOBBI BROWN的隱藏版好物，而且它可是非常好用的萬用修護膏，想怎麼使用都行，主要是用來保護並滋養嚴重刺激、乾燥或受損肌膚的膏狀保養品，它可以單獨當作保養的其中一項步驟，例如晚間保養的最後一道，或是到乾冷國家旅行時使用，只要覺得乾燥時就可以擦。主要成分為乳油木果油、蜂蠟和甘草萃取，很天然，抹在肌膚上就像會透氣的「肌膚繃帶」，能保護、軟化並修復肌膚。

BOBBI BROWN
　　No57極效潤澤修護膏
容量：17g／
　　建議售價：NT$1,700

BIOTHERM碧兒泉
　　輕油水感保濕霜
容量：50ml／
　　建議售價：NT$1,680

刺激自體玻尿酸生成
完美滿足30+的保濕需求

這款保濕霜的形象圖有著爆炸性的水珠，讓人有種肌膚保水力會多到滿出來的感覺，後來發現那不是一般的水珠，而是來自玻里尼西亞的珍稀保養成分「深海藍水彈」的圖像，這全新的成分能刺激肌膚天然玻尿酸生成，讓保濕效果續航力更強。這種凝凍類保養品對我的熟齡肌來說經常是不夠有感，但這款保濕霜有凝凍的清爽，但又能發揮乳霜的滋潤力，主要是水膠囊質地轉換科技，油包水劑型能快速深入肌底、瞬間發揮保濕效果，乾荒肌就能從底部被撐起。

#乳液
乳霜

part 2
物超所值
超高CP
NT$ 2000-8000

SURPUR瑞士瑞貝絲 白鑽抗老舒緩日霜
容量：50ml／建議售價：NT$2,280

goods #25

將逆齡保養注入璀璨鑽石
完美展現保養的極致奢華

白鑽抗老系列主要添加了奢華的白鑽粉末，能夠幫助肌膚抵禦外在侵襲，促進肌膚新陳代謝，加強老廢角質的汰換。主要系列有日霜及精華，而這款舒緩日霜剛好符合現在大家都在討論的空污問題，能全天候抵禦外界環境對肌膚的傷害，主要是以白鑽抗老複活配方（番紅花萃取精華、花鱗莖提取物）來促進膠原蛋白及彈力素合成，增強肌膚的抵抗力，再以棕櫚油充分滋潤肌膚，補充肌膚需要的脂質，加速問題肌膚急救保養，而且擦起來不會太油膩，這對我來說非常非常重要。

clé de peau beauté
肌膚之鑰 緊膚霜
容量：100g／
建議售價：NT$3,000

goods #26

媽媽用，連女兒也跟著用
品牌入門者必備的經典品

貴婦人手一瓶的按摩霜，要加入肌膚之鑰團隊就得先從這款經典緊膚霜開始，並養成良好按摩習慣，尤其是當肌膚疲憊沒元氣，毫無光澤時就需要它。這款按摩霜其實也帶動了傳承，媽媽用，女兒也跟著用，早點養成美肌循環力的肌膚可不容易顯老呀！一週2～3次於化妝水後使用，擦拭後再進行後續的保養即可，成分中的L絲氨酸及栗玫瑰果萃取精華能幫助軟化角質及避免過度氧化，所以按摩完後的肌膚會感覺到光滑明亮，隔天起床也很有感覺。

#真心不騙

#MingChuanLee

給肌膚彈潤有張力的水玉光
膠原蛋白技術深度進化

篠原涼子拍攝的怡麗絲爾TVCF真的很美，尤其是最新的「水玉光」，任何人包括我都想要那種肌膚飽滿到不行的光澤感！以膠原蛋白成分為主的怡麗絲爾極奢是系列中最頂級，膠原蛋白技術再進化，以水溶性膠原蛋白成分協同肌膚內的三種膠原蛋白，幫助肌膚維持彈力緊緻度，滿足水玉光的肌膚渴望。這款柔膚乳有滋潤型及超滋潤型，搭配化妝棉用繞圈圈的方式幫肌膚做按摩，加上白色系花香的味道，用過後才知道什麼叫作肌膚有吃飽。

SHISEIDO資生堂東京櫃 怡麗絲爾極奢潤膠原柔膚乳CB

容量：130ml／建議售價：NT$2,200

先行抗氧化進而抗老化
以香芹籽成分的顯著抗氧效果

香芹籽這個成分可說是Aesop的招牌，抗氧化保養也是Aesop首先提出的保養概念，因為畢竟抗氧化跟抗老化是不太一樣的！香芹籽抗氧化面霜是明星商品，主要特色為一邊舒緩、一邊滋養肌膚，而抗氧化首先得以香芹籽抵擋造成肌膚脫水的環境因素、壓力及城市污染的影響，再以白茶及岩薔薇的多酚類成分對抗自由基，滋養部分則添加了甜杏仁油和乳油木果脂，增加肌膚的抵抗力。它的質地很特別，不油膩，夏天的晚上也可以當成修護霜使用。

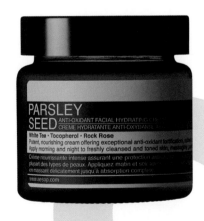

Aesop 香芹籽抗氧化面霜
容量：60ml／
    建議售價：NT$2,300

goods #29

啟動再生重現彈潤無痕肌
宛如肌膚的隱形盾牌

這是來自英國倫敦的專業芳療SPA護膚品牌，所以每一款產品的味道都非常療癒，難怪會成為香港東方文華及杜拜君悅酒店的SPA中心指定用品。而日霜真的是最近經常被討論的保養品，因為白天要對抗的不良因素太多，如果膠原蛋白足夠，肌膚就能對應老化及季節的轉換，成分中有獨家的野生黑燕麥萃取、蜂王乳以及多種天然植萃成分，就像幫肌膚穿上輕薄隱形盾牌一般，啟動肌膚天然防禦功能，而且非常保濕，白天使用也不厚重。

 # elemental herbology
小米黑燕麥彈力日霜

容量：50ml／建議售價：NT$2,300

---

goods #30

用過一次就愛上它
藝人名媛一致推崇

三大明星成分「黃金藻＋黑松露＋魚子精華」，光用想的就覺得不得了！這罐「黃金藻嫩彈緊緻菁華乳」厲害就在並沒打什麼廣告，但卻讓一堆人為它背書推薦，而實際擦在臉上瞬間吸收的感覺還真的讓我印象深刻，後續再上乳液或乳霜會有一種像剛敷完面膜的滋潤飽滿感，如果開始有初老狀況的膚質來用，一定會非常有感！也試過上底妝前局部上在兩頰，我發現妝效更透，而且持妝度也提高，算是一個意外的驚喜。

 # Abysse 黃金藻嫩彈緊緻菁華乳
 # 容量：50ml／建議售價：NT$ 2,680

goods
#31

回歸零油光透亮光澤肌
促進肌膚代謝並全面活化

它能徹底改善混合性和油性肌膚的問題，尤其是淨化、調理、保濕補水，而這類肌膚最需要的就是「無油輕感」的質地，這款保濕乳不只是清爽，還能針對毛孔及油脂分泌做調理，解決這類肌膚總是粗粗油油又黯沉無光的問題。主要是它的成分中添加了能加速肌膚角質更新代謝的水楊酸，再以扁豆醣和乳香幫助細緻毛孔，質地清爽無油的原因為金縷梅純露與矢車菊純露基底，夏天用了舒服，瓶身設計更是中性，我本人超愛的。

EVE LOM 全效無油輕感保濕乳

容量：50ml／建議售價：NT$2,500

Jurlique 臻萃活顏輕透乳

容量：50ml／建議售價：NT$3,950

goods
#32

以親膚微脂囊來創造輕透感
拒絕滋潤成分只會引起老化

台灣氣候越來越炎熱，除了乾性肌膚外，一般人對滋潤型保養品總是抗拒使用，可是肌膚營養不良的話，只會讓抵抗力持續降低，所以建議夏天或在冷氣房中工作時，至少可以使用成分較完整的乳液。這款輕透乳中添加了絕佳保濕成分——角鯊烷和油菜籽油，但使用起來卻很清爽，因為這些成分被親膚微脂囊包覆住，所以感覺不到厚重又能吸收到足夠營養，亞洲氣候很容易感覺潮濕黏膩，這款輕透乳會讓你感覺不到負擔，因此能放心對抗老化問題。

京城之霜
60植萃十全頂級精華霜EX
容量：50g／
建議售價：NT$2800

六十種中西方花葉植萃
心湄姐全身都用它

之前的京城之霜就已經很好用了，我們都叫它京城紅霜，特色為添加了60種中西方「花葉植萃」成分。2016年又再推出升級版，瓶身改變，上蓋變成金色浮雕LOGO，感覺更頂級，另外成分中添加了台灣屏東大花農場栽植、多酚含量極高的台灣玫瑰萃取，除了大量多酚，還有花青素、玫瑰多醣等，主攻肌膚的老化問題，還有大豆多胺等，代言人心湄姐都說她全身用，連胸部也用，真是奢華！而它的玫瑰精油香氣也調配得非常高雅大方。

OGUMA 珍珠魚子醬
容量：15ml／建議售價：NT$3,000

三重提拉賦活科技
完美五大美肌功效

光是吃魚子醬就能令人感覺到幸福了，更何況是用在肌膚上，那是何等的奢華呀！其實在中古世紀以來，魚子醬便是帝王美食，甚至有「黑鑽石」及「海洋黑金」之稱。這款乳霜添加了來自深海珍稀鱘魚魚子醬萃取，正是能與肌膚高度相融合的抗老乳霜，精純魚子精華含豐富蛋白質，維生素A、C、B2、B6、PP、B12等多種營養，用完的隔天除了緊緻，還能感覺到肌膚很光滑，主要是成分中還添加了蘋果酸及精氨酸萃取，可有效煥膚更新。

NARS 裸光夜間修護水凝霜

容量：30ml／建議售價：NT$3,000

膏狀油質凝霜不可不推

NARS保養品超多隱藏好物

這款保養品其實NARS很少去提，畢竟NARS一直主導著彩妝品，但它們家的保養其實也很強，裸光雙效煥白去角質霜就很好用，像這款修護水凝霜也是非常棒的隱藏好物，NARS也是有油保養品的喔！只有熱愛油保養的人才會發現它的好，可能是因為它取名太低調，它其實是膏狀油保養品，成分中添加了甜杏仁油、米糠萃取油與梅子油，另外還加了茉莉花精油香，一開始聞還好，但在肌膚一推開時就會飄出療癒花香，用來當按摩霜也很棒！

凝脂質地連夏天也無負擔

如同身邊圍繞著新鮮玫瑰花瓣

這系列主要是先推出以玫瑰精油為主體的玫瑰極萃修護油，連平常只接觸laura彩妝的族群也愛上了laura保養，很多彩妝師會用來加強模特兒的妝前保養，而且玫瑰香很浪漫。接著推出這款修護霜，高潤澤度又易於延展的凝脂質地比一般乳霜清爽，成分中添加了天然植物菁華，一邊使用還會散發出清新香味，就像身邊圍繞著新鮮玫瑰花瓣的天然玫瑰香氣一般，連夏天使用也沒有負擔感！同場加映一下，同系列的修護唇霜也是我的心頭好喔！

laura mercier 玫瑰極萃修護霜

容量：50g／建議售價：NT$3,000

太空抗引力專利科技

開創緊緻拉提新紀元

#LANCÔME蘭蔻
超緊顏5D太空按摩霜

容量：75ml／
建議售價：NT$3,850

每週2～3次的按摩真的很重要，而且不只是臉部，太空按摩霜的按摩重點在於重新緊塑臉部輪廓及頸部與胸口肌膚，有效解決臉部、肩部、頸部、胸口老化困擾。只要一抹即能轉化為乳油木果精油質地，同時釋放太空抗引力科技，恢復肌膚活力、緊緻、明亮與水潤。精華液後、可分兩次取用各約一元硬幣大小用量，一邊按摩，一邊幫助臉部肌肉回到正確位置，不用再做清洗直接入睡即可。

宛若二十四小時逆轉時光

維持肌膚巔峰光采

每次使用，就好像有一張隱形面膜敷在臉上一樣，持續潤澤保濕肌膚。這是一款以「預防美容」為保養觀點的全效型活護霜，主成分為CM-GLUCAN酵母葡聚多醣體，可以提供極佳的抗老、除皺、嫩白，還有現在最需要的抵禦環境傷害功能，算是一款多功效護膚乳霜，改善肌膚的保護層，強化對外在環境侵害的防禦力，不論是日間上妝前，或是夜間加強保養都可以使用，尤其是最需要修護的晚上，是女性夢寐以求的全方位保養品。

#Skincode
24h新肌活膚霜

容量：50ml／
建議售價：NT$2,580

#真❤不騙

#Ming Chuan Lee

goods #39

偽素顏就靠美肌複合物2.0 到男友家過夜的秘密武器

大家應該都聽過夢幻美肌萃吧！當初推出時引起了討論，因為它能幫助潤色，又是夜間可以使用的保養品，讓臉部肌膚無時無刻維持著粉紅光；今年又再推出這款「超級」夢幻美肌萃，配方全新升級，效果也跟著升級，感覺柔焦效果更加明顯，主要是添加了引光美肌複合物2.0，好適合到男友家過夜時使用喔！使用方法為每日早晚作為保養的最後一道，也就是底妝前及精華液後，只要一瓶，瑕疵隱形！居家時光的夢幻美肌馭膚術，不上妝也很完美。

Dior 超級夢幻美肌萃

容量：30ml／建議售價：NT$3,400

goods #40

同時讓晚霜吸收得更好 乾性或熟齡肌特別適用

酪梨油富含自然油脂及豐富的維他命A、D、E，能讓肌膚得到有效的保護以及很好的鎖水功效，裡面還有金合歡醇成分，具有高度生物淺質的物質能夠跟維他命B5融合達到預防老化，淡化細紋並改善粗糙毛孔，用來當作夜間修護是最好的組合，乾性或熟齡肌特別適用，用掌心按壓也能讓肌膚自然升溫，同時讓晚霜吸收得更好。

L'ERBOLARIO蕾莉歐 酪梨滋養晚霜

容量：40ml／建議售價：NT$3600

全都來自這神奇的黃色精油
歐舒丹最頂級的抗老聖品

蠟菊賦活系列可説是將歐舒丹蠟菊推到最高峰，尤其是這款賦活霜，還曾聽説過有消費者因為太愛這瓶霜，而去歐舒丹面試成為櫃姐，這也算是美容圈傳奇！而這款賦活霜的特色主要是添加了以蠟菊所萃煉出的珍貴精華油，再加上月見草油、藍草精華油及科西嘉蜂蜜等，還不停改良升級，目前已經是第五代了，這款霜更是歐舒丹最頂級的抗老聖品。它的金黃色瓶身靈感來自藥劑師使用的傳統藥瓶，其實當我一打開瓶蓋，疲憊心靈就已經被溫暖香氣給療癒了。

 # L'OCCITANE歐舒丹 蠟菊賦活霜

 # 容量：50ml／建議售價：NT$4,480

 # SUQQU 顏筋活力晶摩霜

 # 容量：200g／建議售價：NT$3,850

藉以還原肌膚的原生機能
搭配獨家顏筋按摩手法

活力晶摩霜可是國際美容大賞得獎常勝軍，而且SUQQU自從2015年底來到台灣以來，就不停以獨家顏筋按摩手法來強調品牌精神，也操作得相當成功，這款活力晶摩霜還年年推出典藏包裝版，2016年推出了香子蘭限定版，2017年則推出紅白茶香限定版，這款按摩霜算是保養消耗品，所以限定版相當熱銷。顏筋按摩手法特色主要訴求作用於深層臉部核心，藉以還原肌膚原生機能、回復顏筋、骨骼、淋巴及血液循環的根本機能，著重力道是其特色。

LUDEYA 皇家臻緻無瑕微臻霜
容量：50ml／建議售價：NT$3,980

goods
#43

Selina愛用修護神霜

大膽革新保養新視野

這款被大家暱稱「小金球」的乳霜真的是太紅了！它的挖勺以磁鐵的方式固定在瓶蓋上，就像蘋果葉子的造型，所以也被稱為「金蘋果乳霜」，更是Selina出國必帶的修護霜。它運用的科技為LUDEYA獨家的一億七千萬支微臻技術，因為它的有效保養成分（海藻精華、珊瑚礁多醣體、胎盤素、大小分子玻尿酸），可以如同醫美的微針療程般快速被滲透進肌膚底層，改善肌膚黯沉、乾燥及細紋，一瓶抵多瓶。

CHLITINA克麗緹娜
  碧璽超導緊緻精華霜
容量：30g／建議售價：NT$3,800

goods
#44

封存精華直送肌底

珠寶級抗老精華霜

克麗緹娜2016年推出三支碧璽超導緊緻系列新品後，2017年馬上再追加兩項明星商品：碧璽超導緊緻面膜及精華霜，讓系列產品更加完整，而且在開架就能買到碧璽成分的保養品。分享乳霜的原因是，乳霜絕對是日常保養最關鍵的一步，略過乳霜很有可能讓前面所有努力前功盡棄，尤其是敷完面膜後，再利用這款精華霜完美封存所有抗老精華，成分中還運用了微脂囊撫紋科技，能將雙重植物抗老成分以小分子形式直送肌底，守住保養成分不流失。

立即紓緩曬紅及脫皮現象
最厲害肌膚小護士乳霜

這款乳霜可是連Sisley總裁都隨身攜帶，因為它可以修護各種肌膚問題，能立即舒緩皮膚不適，提供瞬效保養效果，對男性來說使用很簡單。高度修復的部分添加了乳油木仁，它能促進細胞新陳代謝及再生，使皮膚恢復彈性與光澤，另外還添加了胡蘿蔔素，能幫助肌膚舒緩敏感膚況，例如紅腫、日曬後的灼熱感及脫皮現象，對皮膚具有高度修復作用。其實現代環境惡劣，肌膚有很多內在不可見問題需要被修護，是不是想馬上就擁有它？

sisley 修護面霜

容量：50ml／建議售價：NT$5,400

多功能彈力霜緊緻肌膚
清爽半透明凝霜質地

這款彈力霜觸感非常細緻，半透明的乳霜其實屬於清爽的凝霜質地，很適合夏天及白天使用，成分適合所有膚質，但特別針對肌膚暗沉及鬆弛者。早晚臉部調理的最後一道使用，如果想加強保養效果，晚上是最佳時機，平常取適量按摩臉部及頸部肌膚，晚間保養可用多一點彈力霜當免清洗按摩霜使用，也可以厚敷當晚安面膜，只用了幾天，就能感覺到肌膚的改變，例如緊緻度、柔潤彈潤度及保濕度等都能改善，也可搭配艾菜絲煥顏保濕潔面乳使用。

L'ERBOLARIO蕾莉歐
艾菜絲煥顏彈力霜

容量：50ml／建議售價：NT$4,600

goods
#47

打造自然無瑕美肌
重拾肌膚彈性光澤

相信大家對朵茉麗蔻TVCF的印象應該都很深刻吧！搭配輕柔的動作將保養品揉進肌膚裡，很快的就能改善熟齡細紋，而朵茉麗蔻的保養品項也很單純，產品不用多，但要有效。這款乳霜名字中的「20」代表成分中所添加的20%膠原蛋白，現在這種軟管狀的乳霜很少見，而且已經升級到第18代了，主成分為「不知火菊精華」及「粉紅鑽石鬱金香」，除了可以破解熟齡肌的老化，還能讓肌膚重現膨潤彈力及光澤度，全臉包括眼周肌膚都可以使用，難怪這支在媽媽界已經超越很多專櫃品牌的喜好度。

朵茉麗蔻 乳霜20

容量：30g／建議售價：NT$4,300

#RéVive 光采
再生活膚霜（經典型）

容量：50ml／
建議售價：NT$6,200

goods
#48

趁著入睡時持續進行煥膚
隔天起床即擁有驚人效果

這款是史上最快速、使用後隔天皮膚立刻煥然一新的乳霜，連續使用效果更明顯，在業界深具口碑，編輯只要做煥膚專題一定會分享這款乳霜，不愧是榮獲諾貝爾獎的RéVive專利成分！除了EGF表皮生長因子外，主要成分為有機甘醇酸，可以在睡眠期間溫和促進角質代謝、重整膚質及再生肌膚結構，趁著入睡時持續發揮功效，但初使用會有幾秒鐘的微刺感，那是因為成分正在修護肌膚的問題部位。

讓肌膚隨時保持水噹噹
是面膜也是乳霜

這款保濕露可不簡單，可以說是萬用保養品，它除了是保養最後一道使用的乳霜，也是肌膚失控時，隨時都可以使用的S.O.S面膜，Sisley鐵粉幾乎人手一支！狀況差或到寒冷國家旅行，包括在冷氣房中入睡，每天晚上睡前都可以厚敷一層當面膜使用，連泡澡時也可以當滋潤面膜使用，之後再用玫瑰紓顏噴霧噴濕並按摩吸收即可，使用後可加強肌膚的保水度，除了肌膚更柔軟，妝感也會越來越服貼。

sisley 全效瞬間保濕露

容量：60ml／
建議售價：NT$5,900

瓶蓋就是LED保水度感應器
瓶身內嵌全球獨家技術

ioma
抗皺返時保濕精華乳

容量：50ml／
建議售價：NT$6,800

這款超級劃時代，整個不怕你用了沒效果，因為瓶蓋本身就是LED燈肌膚保水度感應器，一邊使用一邊幫自己測試，如果對產品成分沒把握何必多此一舉！有效改善缺水肌膚、淡化皺紋，增強免疫系統，對抗外在傷害而產生的老化現象。早上清潔肌膚後使用保水度感應器測試，LED燈亮超過3顆就持續早晚都使用；燈亮3顆以下，表示保水度進步，可以每天使用一次，不管早上或晚上用都OK。

真♥不騙

Ming Chuan Lee

將近四十年配方質地不變的神物

最早的一瓶多役全能乳液

於1980年推出的這款乳液實在是太經典，當年所設計的配方及質地，在沒有任何改變下，30幾年後的現在居然還是大受好評，因為SISLEY創辦人伯爵夫婦總是提出無上限的研究成本，因為要確保產品永遠都擁有最棒的品質及效果。全能乳液含26種珍貴植物萃取，及6年以上韓國高麗參萃取，使用時還能感受到貴族般珍貴精油的香氣，化妝水之後使用它，無論什麼樣的膚質都能獲得如同精華液、乳液般的保養效果，旅行時只要帶它一瓶就足夠。

sisley 全能乳液
容量：：125ml／
建議售價：NT$7,200

#Sulwhasoo雪花秀
滋陰生人蔘修護霜EX（滋潤型）
容量：60ml／建議售價：NT$6,980

充分運用人蔘所有部位

深入調和修復受損肌膚

這款人蔘修護霜是極具指標的代表性經典產品，因為自1966年雪花秀的前身就有它了，當時推出的產品正是全球第一款以人蔘為主成分的 「ABC人蔘霜」，雪花秀鑽研人蔘的腳步未曾停歇，接著發現四年才開一次花的珍稀人蔘花蕾能量，於是運用在產品中再推出這款人蔘修護霜EX，還特別分成滋潤型及輕潤型兩種質地來對應亞洲氣候！我個人很推薦蔘皂苷RE這成分，因為人蔘對身體的滋養是值得肯定的，當然疲憊的肌膚也可以盡情依賴人蔘。

#乳液
乳霜

part 3
名媛貴婦
都在用

NT$**8000**以上

#LA MER海洋拉娜 舒芙輕乳液
容量：50ml／建議售價：NT$9,900

goods
#53

全新舒芙輕乳液

打造新一代修護保濕力

亞洲人的保養習慣偏愛乳液，但乳霜的滋潤度及給予肌膚的營養更高於乳液，因此海洋拉娜以「海洋拉娜舒芙凝膠球」的全新技術，將如同經典乳霜的成分包在凝膠球中，快速滋養肌膚，但仍然擁有乳液的輕感，讓消費者在夏天也能輕鬆養成擁有自我防禦力的好膚質。其實男性的肌膚對過度滋潤更敏感，但熟齡如我不能不使用乳霜呀！所以我很愛這款乳液，只要簡單保養而且如此輕盈，還能由內而外達到滋養與修護。

goods
#54

如果保養只能有一道

會全臉敷上這款保濕霜

la prairie
　魚子美顏豐潤保濕霜

容量：50ml／
　建議售價NT$16,070

貴婦好友用了好幾年還不想換的保養品就是這個，還自動見人就推薦，因為這款保濕霜讓擁有兩個小孩的她仍然容光煥發，肌膚白透有光澤。這款保濕霜是魚子系列中的最基本款，添加的魚子精萃來自西伯利亞鱘魚，它的營養能提供細胞生長所需要的多種養分，另外還有各種能修護及緊緻肌膚的藻類，這些豐潤的成分能改善疲憊肌、緊緻肌膚，所以有時工作累到無法按部就班保養時，我就會全臉塗上這款保濕霜睡覺，隔天起床完全看不出前晚有多累。

#真♥不騙

#MingChuan Lee

讓脆弱肌膚機能開始活躍
幫你重整體內發電機

這款乳霜特別提到了「行為性老化」一詞，點出了消費者們目前正受到「行為形態病」的嚴重殘害，以前的年代真的是單純多了，老化原因只有年齡跟紫外線，只要做好防曬跟保養即可，現在無時無刻在變老，好在產品無時無刻在進步，正如同這款駐顏霜。這是一款針對基因、環境、以及行為性老化問題所設計的乳霜，讓抗老保養可以更全面，主要對抗荷爾蒙衰退、並對抗自由基、抗氧化，讓脆弱老化肌膚機能開始活躍，等於是重建體內發電機的意思。

 # sisley 抗皺活膚御緻駐顏霜
 # 容量：50ml／建議售價：NT$14,500

 # Själ 直覺奇蹟修護霜
 # 容量：50ml／建議售價：NT$9,600

被空姐喻為最佳飛行霜
整罐添加了滿滿的寶石

這款修護霜被經常需要搭飛機的人及空姐喻為「最佳飛行霜」，而själ的特色就是由珍貴鑽石、紫水晶、紅寶石、藍寶石、電氣石所組成的經典寶石複合因子成分，能灌注肌膚活力，並幫助其他保養成分吸收，另外還添加突破性的鉑金胜肽、銅胜肽複合物、胺基酸銅複合物和五胜肽複合因子等，能解決肌膚多種問題，尤其忙到只能選一款產品時，非它莫屬！因為它修護力超強，質地像奶油一樣豐潤但吸收快速，讓我的蘋果肌又膨又彈，充滿光澤。

#美容油

part 1
小資美麗
我最愛
NT$**2000**以下

goods
#01

以特殊清爽水包油劑型

設計專門抗老的活膚精華油

innisfree其實有三款植物油保養品,有橄欖真萃保濕精華油、芥花糖蜜保濕精華油,質地都很不錯,成分也很好,但這次特別分享發酵豆活膚精華油,主要是因為它的質地非常輕盈,很適合我們這種害怕油膩的男性肌膚,而且它是一款抗齡精油,抗齡的成分主要是來自濟州大豆發酵精油,能幫助肌膚加強防護屏障,還能提供肌膚潤澤保濕感,而且使用時你會忘記在使用油保養品,主要是因為它屬於水包油劑型,所以肌膚上會感覺到高保濕感而非油感。

#innisfree 發酵豆能量煥顏活膚精華油
容量:30ml／建議售價:NT$1,020

goods
#02

讓你輕鬆就能接受油保養
搖一搖～油水立即混合

油保養其實已經推廣5年多了，但現在連冬天都可以飆高溫到29度，可見推廣起來的困難度有多高，但你我的肌膚就是需要植物油呀！我分享過很多使用方法給消費者，但比起來油水分離劑型還是接受度最高的。這瓶粉光透彈力雙效露，一半是冷壓萃取的玫瑰果油，一半是大馬士革玫瑰花水，不用自己調，使用前只要搖勻就可以了，玫瑰果油經過花水稀釋後使用感極佳，又能真正讓肌膚接收植物油的保養，使肌膚立即補水柔軟透嫩，並達到滋潤與修護。

Melvita 粉光透彈力雙效露
容量：50ml／建議售價NT$1,480

#美容油

真❤不騙

#MingChuanLee

goods #03

以植物芳香帶領進行油保養

任何部位皆可使用的全能品

其實還沒開始流行油保養時，這款全能菁露早就推出了，而且是J粉們人手一瓶的好物！也因為它添加了天然頂級植物香氛，所以使用者覺得它是芳療的一種，不會特別說它是油保養，但其實就是油保養，成分中還有玫瑰果油、紅花籽油、月見草油。品牌建議它可以在化妝水類產品後使用，使用2～3滴，並按壓於臉部、頸部肌膚，但其實它的用法很多，還可添加在精華乳或乳霜中，也可使用在身體乾燥部位，像是髮尾或指緣、手肘，所以稱作全能菁露。

\# Jurlique 全能菁露

\# 容量：50ml／建議售價：NT$2,000

goods #04

混合成肌膚渴望的兩大成分

PITERA加六大植物油脂

SK-II用4倍濃縮PITERA成分，再加上橄欖油、南非酪梨油、拉丁美洲荷荷芭油、日本米植醇、米糠油萃取及角烷油等6大植物油脂，設計成油水分離劑型的修護精萃油，使用時先搖一搖即可稀釋植物油質地，在肌膚上按壓時還會聞到薰衣草精油香，能療癒放鬆心情。很建議油保養入門者使用這類劑型，因為質地舒適，連夏天及白天也可使用，油性肌膚只要稍微減少使用的量就好。

\# SK-II 青春修護精萃油

\# 容量：50ml／建議售價：NT$4,980

AVEDA 光采醒膚儀式
（含光采醒膚油、光采醒膚刷）
容量：50ml／建議售價：NT$4,280

一日之計果然在於晨
刷掉疲憊喚醒肌膚

AVEDA是一個結合古印度智慧與現代科技的品牌，在古印度阿育吠陀智慧裡，早晨起床後除了刷牙、刷舌苔外，洗臉前還有一個非常重要的動作──「乾刷」。乾刷能幫助去除肌膚老廢角質，讓肌膚重現原生的美好光采。這樣的理念也被運用在這組保養中，起床時先用光采醒膚刷乾刷臉、頸、鎖骨，再用光采醒膚油按摩1分鐘，接著冥想個4分鐘後洗臉，你會發現一日之計果然在於晨，醒膚後的肌膚不止刷掉疲憊，連後續的保養彩妝都開啟了美好的一天。

代表植物油的美肌能量
如同好氣色一般的粉紅瓶身

肌膚之鑰等於是在流行油保養的最後一刻才推出這款菁華油,而且優雅的玫瑰粉紅瓶身,似乎一眼就能看出它想帶給肌膚的保養效果。它是一款全身上下,包括臉部、頭髮都能使用的複方滋養油,成分中添加了米胚芽油、月見草油、玫瑰果油及山茶花油,還添加肌膚之鑰獨家的光采明亮複合物EX,加上奢華香氛能增加使用時的好感度。另外,因為它的質地能快速溶解為微型配方,所以建議油保養初學者可以添加於化妝水及乳液中使用於臉部肌膚。

clé de peau beauté肌膚之鑰
光采修護菁華油

容量:75ml╱建議售價NT$4,600

整體療癒概念的代表作
天然由來成分85%

這款晶摩油是很多人愛上THREE的入門產品,THREE還沒進台灣時,我常幫朋友到日本買,因為柑橘系的香味非常療癒,而且裡面的成分就是植物精油跟植物油,還有些許植物精華而已,非常天然又單純。它的用法也很簡單,主要是用於化妝水後,使用在臉部肌膚較乾的部位例如眼頰及唇周,接著再進行後續保養,如果要當全臉的按摩油使用也是可以。它的精油就用了五種,有乳香、紅橘、橙花等等,加上七種複方植物油,值得入手。

THREE 樂活晶摩油

容量:30ml╱建議售價:NT$3,900

#美容油

goods #08

調配成完美金黃色精華液
添加乳霜核心關鍵成分

海洋拉娜乳霜曾經是夢幻逸品，所以感覺珍貴，藻類的再生發酵精華則是品牌明星成分，而經典乳霜核心關鍵成分Miracle Broth濃縮精華，也被運用在這款金黃色的修護精華油中，並設計成油水分離劑型，上層以向日葵、芝麻、尤加利葉與杏仁油等高效植物精油調配而成，下層則是海洋拉娜傳承中最重要的核心成分濃縮精華Miracle Broth，再結合全新海洋滋養藻類的再生發酵精華。我都會跟乳霜、乳狀面膜與身體乳搭配使用，再依膚況調整使用量。

LA MER海洋拉娜
　修護精華油
容量：30ml／
　建議售價：NT$8,800

#眼唇類

part 1
小資美麗
我最愛
NT$**2000**以下

goods
#01

除了在聯名合作上下功夫
保養滋潤效果也相當優秀

lip essence
SPF18·PA++
formulated
hyper gloss oil. fragrance free.
ettusais 10g NET WT.0.35OZ.

一聊到這款護唇菁華液a，大家就會立刻聯想到它曾經跟好多卡通一起聯名推出過的各種限定包裝，像是史奴比、笑笑羊、小熊維尼、愛麗絲、雙子星等，還有蠟燭雜貨品牌swati、服裝品牌MERCURRDUO，推出過蜜桃及蜂蜜限定款，好像玩上癮一般的定期推出，根本就收集不完！不只這部分讓人印象深刻，使用效果也是棒棒的！因為成分中添加了能增加循環的葡萄糖基橘皮柑，還有能形成雙唇保護膜的甘油，可在唇膏前當作打底。

ettusais艾杜紗
護唇菁華液a（SPF18 PA++）
容量：10g／建議售價：NT$480

真♥不驕

#Ming Chuan Lee

以有機芝麻油擄獲雙唇

神秘的印度風情包裝

好幾年前推出魔唇系列的時候，美妝保養編輯的化妝包中一定都有魔唇，因為它的印度風包裝實在是太討喜了，有一種神秘感！魔唇系列有夜用修護唇霜，潤澤護唇膏還有滋潤護唇膏等共4種，成分中除了添加薰衣草植物精華外，重點成分就是芝麻油，在當時算是非常特別的成分，我個人最愛的就是這款唇部按摩精油，除了有機芝麻油，成分中還有按摩顆粒，輕輕按摩能去掉多餘皮屑及老廢角質，還能促進血液循環，這也是我的工作法寶之一。

#THERAPIND魔唇
唇部按摩精油
容量：7g／
建議售價：NT$150

#herbacin德國小甘菊
小甘菊經典修護唇膏
容量：4.8g／建議售價：NT$129

舒緩柔潤並修護雙唇

以有機德國洋甘菊萃取

之前只要有長輩出國玩，都會買德國小甘菊的護手霜、護唇膏回來當伴手禮之類，因為他們不知道台灣藥妝店有賣，但又很喜歡所以就買一堆！其實德國小甘菊一直都不是花俏的品牌，它就像是居家常備良品般一直陪在大家身邊，而且品牌歷史非常悠久值得信賴！這款護唇膏除了有機德國洋甘菊萃取外，還以成本較高的天然蜂蠟取代石蠟，降低唇部的敏感可能性，舒緩、柔潤並修護雙唇，包裝也很中性，很適合隨時拿出來塗抹。

八小時已經是經典中的經典

最多藝人愛用的萬用品

我合作過的很多藝人中，已經數不清有多少人化妝包中都有「八小時」，有的是八小時護唇膏，有的是潤澤霜或護手霜，尤其是潤澤霜，因為它的配方天然安全，全身上下都能用，而且是來自雅頓。比起護唇膏的話，我更喜歡這款護唇霜，因為除了含凡士林，還有雪亞脂、山金車花、蜂蜜等萃取，還有維生素A、E及薄荷萃取，保養成分更多，而且是滋潤的凝霜質地，更能快速修護唇部乾燥和乾裂，所以我在工作上經常會用到它，味道是淡淡的尤加利樹香氣。

**# Elizabeth Arden
伊麗莎白‧雅頓
八小時密集修護唇霜**

容量：11.6ml／
　建議售價：NT$950

GARNIER卡尼爾 晶亮拋 熊貓眼擊退筆
容量：15ml／建議售價：NT$399

打擊眼周黯沉疲憊與浮腫

冰鎮按摩頭點亮雙眸神采

近年開始非常流行附有冰鎮按摩頭的眼霜產品，卡尼爾早在N年前就已經率先推出，而且是獨特冰鎮按摩滾珠設計，當時以這樣的價格來說，連學生都可以輕鬆入手，還能解決用功讀書後的眼部疲勞。成分中的咖啡因醒眼精華能消除眼部浮腫，維生素原B5能滋潤眼周肌膚，使用時只要以精華液充分浸潤滾珠，再使用於眼周肌膚即可。我之前送過很多常要日夜趕戲的女演員們，每個人都愛到不行，就算帶妝也可以使用，讓她們在鏡頭裡一直都能保持電眼魅力。

goods #06

同時也是唇膏前的下地

除了舒緩雙唇乾燥症狀

保濕專科可是連護唇產品都有喔！除了護唇精華還有護唇膏，可以選你喜歡的質地使用。這款護唇精華成分中添加了高效保濕成分「玻尿酸」，及多重複合成分「超保濕精華」，加上「甘草衍生物」，能為雙唇舒緩乾燥症狀，淡化乾燥唇紋，而且無香味、無色素，所以我在幫Model上妝前，都會用它來當成唇膏前的下地使用，它的「柑橘萃取物」同時也能增加唇部的循環，增加自然紅潤。

專科 彈潤護唇精華
容量：10g／建議售價：NT$180

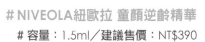

NIVEOLA紐歐拉 童顏逆齡精華
容量：1.5ml／建議售價：NT$390

goods #07

五天眼周肌齡逆轉

韓國童顏的秘密

這款保養品外型就像針筒一樣，使用時也很像在幫眼周注射一般，很有話題性，是韓國選美小姐指定使用商品，成分更是引起我的興趣，因為其中使用的20%高濃度童顏精華Volufiline，是與法國知名藥廠「Sederma」合作研發，臨床上用於非侵入性豐胸提臀，如果可以用於豐胸提臀，那眼周應該也是成立的，另外它還搭配了數十種蛋白氨基酸，能快速活化眼周的老化現象。使用時先擠壓出0.1ml的量，再用指腹推開按摩，五天就可以很有感覺，之前在節目上示範過後，一堆人跑來我的粉絲團詢問，上過之後再化妝，可以強化眼妝效果。

美唇一定要夠光滑
甜在心糖霜去角質

這款去角質唇霜使用了正立方體結晶砂糖，最適用於人體毛細孔大小及角度，正好可帶走雙唇表面老廢角質，糖的溶解速度快，不用擔心會因去角質過久造成肌膚傷害，另外還添加了乳油木果油及葵花籽油，當糖溶化後，保養成分也能同時保濕潤澤雙唇，還有維他命E可以增強唇部抗老化力；另外還搭配了乳油木護唇脂，去完角質後一定要立即保養，如同臉部保養的概念一樣。如果想要畫出漂亮飽滿的唇膏效果，唇部保養是很重要的唷！

MARY KAY玟琳凱
乳木果去角質唇霜
容量：8g／
建議售價：NT$600

智慧溫熱實現亮眼魅力
夢幻雙眼就是不一樣

當眼睛覺得很累的時候，尤其是熬夜後產生的青眼圈，或是疲憊搓揉雙眼所造成的褐眼圈等等，都會好想來個暖暖的熱敷吧！ORBIS經常推出「溫感」保養品，像是面膜等等，這樣的溫感技術也可以運用在眼部保養品，讓眼睛隨時都能簡單熱敷。晚間保養時、在眼周塗抹上溫感凝膠，凝膠能緩緩溫熱肌膚，讓雙眼充分得到放鬆，再用指腹稍微按摩，真的超舒服的！

ORBIS 溫感舒壓美眼精華液
容量：25g／建議售價：NT$750

真♥不騙

Ming Chuan Lee

goods
#10

重賦輕熟齡雙眼年輕活力
一瓶＝三次脈衝光效果

能夠在開架保養品中用到3%最高濃度普拉斯鏈（Pro-Xlayne）成分，真的很令人驚喜，讓所有擁有抗老需求的小資族全都笑開懷！大受歡迎的激光煥膚系列有精華、乳霜跟眼霜，我個人偏愛附有獨特冰感按摩頭的眼部保養品，一邊塗抹眼霜還能同步按摩眼周輪廓，不需要另外準備按摩工具，冰感對眼周的舒緩效果也非常好，保養成分能即時提升眼周肌膚水分及彈力，另外還添加了能幫助撫平眼紋、改善泡眼、淡化黯沉的咖啡因，雙眼瞬間明亮有神。

 # L'OREAL PARIS巴黎萊雅 活力緊緻激光煥膚按摩眼霜
 # 容量：15ml／建議售價：NT$590

 # Country & Stream 蜂蜜潤唇油
 # 容量：3.2g／建議售價：NT$560

goods
#11

蜂蜜加十一種植物油
96%都是滿滿滋潤成分

其實蜂蜜很容易跟修護與潤澤做聯想，所以會第一選擇添加滿滿蜂蜜的護唇產品，這款產品不叫唇蜜，它叫潤唇油，因為成分中有96%滋潤成分美容油，除了蜂蜜外還加了11種植物油，像是角鯊烯、葡萄籽油、酪梨油等，算是市場上添加最多種植物油的唇部保養品。使用時、以光滑的蜂蜜美容油包裹雙唇，雙唇會有微微潤色效果，輕鬆就能嘬出淡淡粉潤的自然光澤。

以植物油閃耀光澤點亮雙唇
連美妝保養編輯都愛用中

最近翻雜誌時發現,很多美妝保養編輯都真心大推這款美唇油,是化妝包中的必備品,因為它不只是唇部保養品,還非常具有妝感,跟用唇蜜的效果完全不一樣,它的妝感是透明如玻璃的。它有三個顏色,最受歡迎的是豔紅莓果,不敢用紅色唇膏的人都轉而用紅色美唇油;我常幫麻豆使用的是#02,屬於桃紅色,用起來有韓妞的效果;至於#01天然蜜糖,這就是給我用的囉!成分中主要添加了榛果油及有機荷荷芭油,濃濃Omega 9更是乾燥剋星。

CLARINS克蘭詩 彈潤植萃美唇油
容量:7ml/建議售價:NT$850

#真♥不騙

#MingChuanLee

goods
#13

護唇膏外型卻是除皺聖品
保養及妝後都可塗抹

這款產品剛推出時引起了小小話題，因為它明明是護唇膏外型，卻是細部除皺專用的便利保養品，使用時就像使用護唇膏一樣，除了保養時使用，連上妝後也可以輕鬆使用於在意部位，從眼頭朝眼尾方向塗抹來減緩眼周皺紋，鼻翼朝下巴的方向塗抹還可針對討厭的法令紋，另外唇周也可以使用，避免產生楊婆婆紋，主要成分是以維他命A來增生細紋部位的膠原蛋白，加上植物油的潤澤及維他命E等等，任何年齡層都可以使用。

#DHC 亮眼緊膚修紋棒

容量：2.1g／建議售價：NT$980

#TARGET PRO by Watsons 全效重點修護緊緻眼霜

容量：19ml／建議售價：NT$980

goods
#14

重點修護眼周所有問題
採用日本尖端科技

TARGET PRO by Watsons是以重點修護為主的品牌，採用日本尖端的美肌科技，加上頂級抗老修護成分──鑽石肌活晶萃，能有效達到延緩老化及緊緻的功效。這款修護緊緻眼霜除了專利成分，另外還添加了咖啡因賦活肌膚滋養修護機制、茶樹葉及金縷梅植萃精華等舒緩鎮靜成分，大家都知道咖啡因能減緩眼部的浮腫問題，還能撫平細紋，緊緻眼周肌膚，提升眼部肌膚的自我防禦力。

3分即緻撫平老化肌膚
再現年輕緊緻雙眸

紅碧璽石獨有的天然礦物質及能量不僅能夠快速傳遞養分還能夠活化肌膚，讓肌膚重現生機。這款超導緊緻眼霜擁有能搭載活性成分的碧璽亮顏因子，能一筆勾銷眼周肌膚所有問題，成分中還添加了埃及藍睡蓮精華讓眼周肌膚更緊實，還有可以改善眼周肌膚老化現象的虞美人花精萃等。而且容量輕巧方便隨身攜帶，等於是「隨身眼部充電器」，所以連上妝後也可以使用。

CHLITINA克麗緹娜 碧璽超導緊緻眼霜
容量：15g／建議售價：NT$1,800

眼周也要對抗地心引力
緊緻眼部輪廓就能變年輕

FORTE 抗引力緊緻眼霜
容量：20ml／
建議售價：NT$1,800

FORTE的抗引力系列名字取得好，因為不論男女誰都想要對抗地心引力！這款眼霜很不錯，還榮獲2015柯夢波丹年度最佳眼部保養獎。對抗引力的主成分為木槿萃取精華、三胜肽、合歡及豨薟草植萃複合液等，能使眼周肌膚恢復飽滿彈力，淡化眼睛下方的暗沉，還有效改善眼周細紋、皺紋，只要眼周肌膚狀況不好，連全臉都會產生倦容，所以全面緊緻眼部輪廓就能讓人感覺年輕。而眼周使用的範圍也不要小氣，只要是眼鏡鏡片的範圍都是需要照顧到的部分。

goods #17

專門針對眼周色素沉澱者
美白因子能快速修復疲憊感

亮白C系列是M.A.C保養品中最受歡迎的系列，台灣人果然很愛美白，成分中添加了類醫藥、藥效性的美白因子，不止針對肌膚，像是眼周的長期浮腫、疲憊也能快速修復，尤其是針對眼下黯沉的色素沉澱者，也就是褐色黑眼圈有顯著的效果，讓眼周360度零死角，明亮的眼周肌膚就能炯炯有神。眼周色素沉澱者主要為過度搓揉雙眼造成黯沉，加強美白就能獲得改善。

#M.A.C 亮白C眼周去黑精華
容量：15ml／建議售價：NT$1,450

#CLINIQUE倩碧 活力漾采電眼精華
容量：15ml／建議售價：NT$1,150

goods #18

按摩圓球設計及涼感配方
三秒鐘就能瞬間幫眼神充電

它是一款充滿了年輕氣息的眼部精華液，光是外型就很可愛，只要3秒鐘就能瞬間幫眼神充飽電！因為成分中含獨特胜肽複合物，能修護及強化眼周脆弱肌膚，幫助對抗壓力、疲勞及睡眠不足產生的疲憊倦容。主要是它還有按摩圓球設計，不需沾手也可完成眼神快速充電，還可以隨時幫眼周按摩舒緩，加上使用時有涼感舒緩感及高效保濕成分，所以浮腫立即消除，小小瓶可以隨身攜帶想用就用，上妝後的眼周也可以使用。

goods
#19

連臉部輪廓都能變纖細
如果讓雙眼更立體深邃

克蘭詩針對V型保養非常專門,所以連眼部也要極緻V,因此延續「V型緊緻抗引力精華」的核心配方——瓜拿納萃取、柿子精華及球薑萃取,訴求提拉眼角、緊緻眼周、消除浮腫,讓雙眼更立體、深邃,從正面及側面巧妙放大雙眼,打造眼角極緻V。另外再搭配七葉皂素及斗篷草萃取,能有效抑制眼周黯沉,透過這樣的保養效果,在視覺上就能讓雙頰寬度變窄,臉部輪廓自然會更纖細、立體,這也可以算是類醫美保養效果。

CLARINS克蘭詩
V型緊緻抗引力大眼精華

容量:15ml/
建議售價:NT$2,200

CLARINS
PARIS

Sérum
Grands Yeux
Agrandit, intensifie
et illumine le regard

Enhancing
Eye Lift Serum
Bigger, brighter, bolder

goods
#20

加強對抗眼周問題的實力
讓眼部保養多一道紅色能量

2014年，肌膚的紅寶石──資生堂紅妍肌活露大賣，尤其是母親節與週年慶更是熱銷，除了那股大氣的紅讓人充滿能量外，紅妍肌活露能讓疲憊的肌膚恢復元氣，我就用掉過兩瓶，接著再推出的活潤眼修護露，延續解決疲憊肌的精神，用以解決眼周的疲憊感，而且它絕對擁有對抗所有眼周問題的實力，更特殊的是，它還能提升其他眼部保養品的效能，所以它的使用步驟為紅妍肌活露後，精華液、眼霜之前，多一道能量，讓眼周肌膚徹底回復年輕。

SHISEIDO資生堂 紅妍肌活潤眼修護露
容量：15ml／建議售價：NT$2,200

laura mercier蘿拉蜜思
深海微量喚眼精華
容量：15ml／建議售價：NT$3,500

goods
#21

讓眼周更緊實、更拉提
深層修護型眼部精華液

這是一款高濃度抗衰老眼部精華液，擁有增加表皮生長因子（EGF）的酵母β葡聚糖與普羅旺斯玫瑰純露，能抗敏、抗菌、抗發炎，舒緩與保護眼周肌膚，所以除了自然的增齡問題，長時間使用3C用品的人也很需要，另外還添加了能收斂與緊膚效果的天竺葵及三胜肽、六胜肽等，能全面減少眼周細紋的深度與廣度，讓肌膚更緊實、更拉提。早晚都要使用，以一顆珍珠大小、由外眼角沿眼周往內輕柔拍點即可。

擊退惱人細紋黑眼圈
以彈力冰珠深度按摩眼周

只要眼周的肌膚夠緊緻，眼神就能充滿活力，這時不覺得眼睛有放大的感覺嗎？蘭蔻認為只要能啟動眼周基因，讓眼周細胞年輕有活力，就能放大眼周5平方公釐喔！話說肌因賦活露上市至今，得過的美妝大賞全球超過100個，所以大家對這款亮眼精粹也充滿期待，對神奇冰珠更是好奇，接在彈力按摩球上的亮眼冰珠為抗菌白鋼材質，使用過精粹後，每次只要1分鐘幫眼周按摩，冰鎮舒緩，就能有效解決黑眼圈及浮腫等各種眼周問題。

LANCÔME蘭蔻
　超進化肌因亮眼精粹
容量：20ml／
　建議售價：NT$2,500

是唇部及唇周專用精華乳
不是一般亮澤保養唇蜜

當唇妝成為全臉彩妝的主角時，充滿唇紋、乾癟、唇周滿是皺紋的雙唇就完全美不起來，擁有4D豐唇才能重拾性感表情。這款護唇產品不是一般唇蜜，它是唇部的精華乳，不黏不膩，能被雙唇吸收，其中添加了四種活性成分可達到唇部最需要的四種美唇需求，包括滋潤、減少皺紋、豐盈及增加唇部輪廓的飽滿感，妝前使用也能讓唇彩更持久。

ioma 抗皺豐唇精華乳
容量：15ml／建議售價：NT$2,700

goods
#24

不忘獨厚對雙唇的滋潤
集修護、保濕、防護於一身

唇部最大的問題包括：乾裂、粗糙、紅腫、脫皮、唇紋、唇色黯沉等，再加上沒有皮脂腺、汗腺，無法像臉部肌膚一樣分泌油脂及水分來發揮保護功能，所以對於唇部保養必須特別強調修護、保水、防護三大功能才行，海洋拉娜的乳霜成分很令人嚮往，這款修護唇霜擁有原始乳霜的「濃縮精華」，根本就是唇部專用海洋拉娜乳霜呀！早晚使用、尤其是睡前，也可以在唇膏前使用，而且質地很清爽，又是圓盒設計，所以連男性也很適合使用。

\#LA MER海洋拉娜 修護唇霜
\# 容量：9g／建議售價：NT$2,400

\#Skincode 阿爾卑斯淨白無瑕眼霜
\# 容量：15ml／建議售價：NT.2,280

goods
#25

讓你徹底打倒黑眼圈
根本就是敏感肌救星

眼周肌膚的厚度比臉部其他地方的肌膚都要薄，然後用手機之外還有iPad、電腦等，真的一個不小心就用眼過度，而脆弱的眼周特別容易流失水分，而且當眼周肌膚對生活壓力的防禦力減弱，肌膚就會累積更多的負能量，進而更快出現老化問題，這款以乳木果油為基底，親水親油的雙向特性讓眼周吸收效果更好，擦完之後眼周就像戴了隱形眼膜一樣，長期待在冷氣房的人會更有感。

#眼唇類

part 3

名媛貴婦
都在用

NT$**8000**以上

BY TERRY 玫瑰潤唇霜
容量：25g／
建議售價：NT$9,400

goods
#26

是護唇產品中的勞斯萊斯
連指緣也能用的潤唇霜

這款專為雙唇與指甲所創造、已經成為所有消費者都不願錯過的經典產品（包括我在內），已經進入第13年了，根本就是護唇產品中的「勞斯萊斯」。這款霜狀潤唇霜以玫瑰花蠟重現了玫瑰的性感質地，再添加各種稀有珍貴的活性成分，像是西伯利亞花香精油，豐潤雙唇的神經醯胺，及具保濕效果的乳油木果油等，能瞬間修復嚴重乾裂及唇紋深的雙唇，它一直都在我的床頭，睡覺時都會用它來當晚安唇膜及指緣油使用，幫模特兒上妝前、後也都會用。

goods #27
以海藻活性成分的能量
提升你對青春的眼界

LA MER保養品是海藻專家，這款眼部精萃也運用了海藻的活性成分，使用於眼周肌膚時，能相互交錯成一張無形的網子，撐起眼周肌膚的表層，再以全新的發酵精華深入肌膚底層，達到由內而外的彈力感。無形網子運用了紅藻，緊實部分使用了海藻膠，緊緻部分用了褐藻及藍藻，再搭配特別設計的冰鎮導入按摩棒一起使用，圓弧端用來舒緩、扁平端用來拉提，按摩肌膚也是一種對肌膚的訓練，而且先疏通再保養才能讓保養更加分。

LA MER海洋拉娜 緊緻彈力眼部精萃
容量：15ml／建議售價：NT$8,800

goods #28
全方位解決眼周老化
完美修護並預防所有問題

這款再生眼部精萃，主要是能恢復緊緻年輕眼周肌膚的夜間部抗老保養品，使用後、眼周會很明顯的感覺到被拉緊，也更加緊緻平滑，效果真的挺「奇蹟」的，很多在意眼周細紋的女藝人都有在使用。主要是因為成分中添加了獨家LC12奇蹟再生因子，可精準達到將眼周所有老化問題歸零的功效。使用時的質地很像乳霜，但抹開後感覺如同精華液般清爽，而且使用眼霜的範圍應該是從眉骨到顴骨，更能達到整體的緊緻效果。

sisley 極致夜間奇蹟再生眼部精萃
容量：15ml／建議售價：NT$8,200

#面膜

goods
#01

十分鐘喚醒肌膚活力
新鮮洋甘菊花瓣看得見

這款面膜最吸引
我的，就是面膜中
添加有滿滿的新鮮洋甘菊花瓣，
而且量還加了不少，再加上以「洋甘菊原
液」為面膜基底，只要薄薄敷一層，敷個
十分鐘就能立即鎮定肌膚。洋甘菊原液萃
取是敏感性肌膚的最愛，包括因環境不佳
產生的肌膚不適也需要洋甘菊，例如過度
日曬或乾冷，而且面膜中的洋甘菊花瓣原
物能增加肌膚吸收力，再加上高效深層保
濕成分，使用後可以立即感到保濕度大幅
提升，任何肌膚都能安心使用，打造神采
奕奕的透亮肌底。

#belif 洋甘菊循環面膜
容量：50ml／建議售價：NT$980

goods
#02

肌膚就能像雞蛋般白滑水潤

只要三分鐘的短時保養

只要講到這個品牌，大家都會說：「雞蛋面膜超好用，用完的肌膚真的會像白煮蛋一樣光滑喔！」連我的熟齡肌也感受到了，滑溜溜！它的使用方法有兩種，一般性或乾性肌膚可以敷著3分鐘後直接沖洗，油性肌膚可以先在臉上按摩個1分鐘再敷2分鐘後沖洗，可加強老廢角質的去除。面膜中含有蛋白及蛋黃的滋養成分，同時添加乳酸菌配方提升肌膚免疫力，另外再以不刺激肌膚的二氧化碳來提升保養成分吸收力，難怪效果顯著。

too cool for school 白滑雞蛋面膜

容量：100ml／建議售價：NT$580

SKINFOOD 黑糖光采絲潤面膜

容量：100g／建議售價：NT$380

goods
#03

黑糖能量讓妳淨、潤、晶、透

這麼便宜又好用難怪回購率高

不只在韓國回購率高，在台灣也是，很多人都會用完再買，原因無它，就是便宜又好用！這款面膜「非常」黑糖，就如同將真的黑糖泥抹在臉上一樣的感覺，按摩時會感覺到微微的發熱，這時就能清除討人厭的黑頭粉刺了，細細顆粒感也能順便去角質，除了黑糖香，還會聞到檸檬精油，它能針對暗沉、無生氣、膚質粗糙、容易浮妝的肌膚問題做改善。按摩完後讓它敷個15分鐘再洗臉，肌膚又細又明亮，所以它其實除了能去角質，也是按摩霜及面膜。

三效完美超導滲透
極潤精華液新概念

大家都用過「我的美麗日記」吧！它不但號稱台灣的國民面膜，也是最先前往日本藥妝店的台灣之光，在日本藥妝店看到它時都會有一陣感動，從第一款到現在已經數不清有多少種類了！它的特色是包裝插圖很可愛又淺顯易懂，像這款南極冰河醣蛋白面膜，主成分——南極冰河醣蛋白蘊含豐富醣類，及角質層皮脂膜防禦所需的胺基酸，充分補水保濕並細緻粗糙紊亂角質，使用的材質為極絲裸膚布膜，薄透又服貼，必要時每天敷也OK，肌膚隨時緊繃彈潤。

\# 我的美麗日記
　南極冰河醣蛋白面膜

\# 容量：8入／
　建議售價：NT$250

啟動你的肌膚回春關鍵
添加皇室御用金箔秘方

海洋超導因子系列以海洋深層水中，天然礦物質萃取出的賦活成分來維繫肌膚健康，其中還含有肌膚最需要的純淨藍色能量——NMF，也就是天然保濕因子，更搭載杜邦天絲超導水凝膜，提升面膜整體親膚性，讓修護速率加快，每片面膜都含有23ml保濕精華。抗老黃金黑面膜還添加了SGS認證98.59金箔，與五胜肽複合精華，只要敷一片就能啟動肌膚回春關鍵。

\# 美愛美 海洋超導因子抗老黃金黑面膜
\# 容量：8入／建議售價：NT$299

goods
#06

實現未來的時短保養
未來的八分鐘超級面膜

這款面膜真的創造了未來奇蹟，非常薄，使用時間非常短，但效果非常高，未來就是要這樣才有效率！它被所有愛用者暱稱為「8分鐘超級面膜」，開發源起是為了醫美術後肌膚「敏感」及「修護」問題所設計，面膜採用了醫療級材質壓力絲，又薄又能承載大量精華液並快速釋放於肌膚，總共推出舒緩、修護、淨白及補水四種，可依肌膚的需求交替使用。這次分享的舒緩面膜主要添加了天然保濕因子及黃金褐藻等，能強化肌膚抵抗力，修護乾燥敏弱問題。

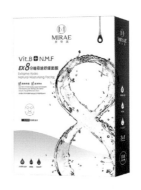

#未來美 極速舒緩面膜
容量：5入／
　　建議售價：NT$399

#OGUMA水美媒
　超導離子水面膜
容量：6入／
建議售價：NT$540

goods
#07

密碼1·7·3更簡單了
每片等於噴120次水美媒

水美媒提出「水Young密碼1·7·3」，意思就是1天噴7次，3天感覺變年輕！而這款水美媒水面膜每片等於噴120次，突然感覺輕鬆了許多！採用真正滿水位的儲水型面膜，所以每片面膜皆含有24g水美媒，不黏膩、好吸收、天天敷是這款面膜的特色，很適合像我這種以面膜達成深層保養習慣的人，加上獨家超導離子I.C.E.作用，能快速導入水分，所以成分不用複雜，還能長時間保持肌膚水嫩並加速提升角質代謝。

goods
#08

快速補充術後需要的養分
讓肌膚舒緩乾燥現象

醫美術後的肌膚最需要保濕及舒緩鎮定，所以這款面膜就是我每次進場雷射保養之後，診所會幫我敷上的那片面膜，成分很單純就是玻尿酸，可以幫處於敏感狀態的肌膚舒緩乾燥現象，快速補充肌膚的水分，成分中另外還添加了綠茶萃取及蘆薈萃取，能改善黯沉膚色，還能維持肌膚油水平衡，補充抗氧化的維他命E，讓術後肌膚有更多能量加速恢復正常。

#Dr.依 術後保濕
　修復面膜
容量：5入／
　　建議售價：NT$600

提高肌膚的保濕力
含絕佳吸濕保水的玻尿酸

美愛美 海洋超導因子
　加強保濕面膜

容量：8入／建議售價：NT$299

海洋超導因子系列強調保濕、美白、舒敏、控油、抗老保養要點，無添加人造色素、酒精、礦物油與MI防腐劑，任何肌膚皆適用，加強保濕面膜則特別適合乾荒肌膚。成分中添加了軟毛松藻萃取的海洋植萃精華，能深層滋潤肌膚，提高肌膚的保濕力，而且含有絕佳吸濕、保水的玻尿酸，能緊緊抓住水分子，達成長效保濕滋潤。到寒帶國家度假或海島日曬後都可以加強使用，夏天時可以先冰過再用更好，成分溫和，每天敷也沒問題，而且它的切片設計很符合人體工學，所以又特別服貼，面膜一定要夠貼，保養效果才會更好。

讓你敷一片等於敷十片
三層微導循環機制

這款面膜真的是超科技啊！就像是臉上穿的瘦身發熱衣一樣，它的三層微導循環機制，可以外微壓、內循環，再加上最外層的金屬微壓鉑膜有封膜效果，成為肌膚的保溫罩，被封住的膚溫就會提高，產生循環效果，讓精華快速滲透到肌膚內部，所以只要敷10分鐘，就如同敷了10片面膜，成分中還添加了魚子精華、燕窩跟黑松露萃取液，所以抗皺、緊敷效果非常優秀，敷一次就很有感覺，另外還有亮白肌膚的白金雪肌導膜。

LANAMI 金鑽逆齡導膜

容量：30ml／建議售價：NT$1,000

goods #11

真的是有敷有保祐啊
經過媽祖娘娘首肯的面膜

這款面膜剛推出的時候，還參加了全台的媽祖繞境活動，真是讓我佩服萬分，是用「心」在做產品呀！而且這款面膜的Q版媽祖圖案可是有經過媽祖娘娘首肯的喔！感覺真的是有敷有保祐！這款面膜的材質是頂級水針布面膜，極佳彈力，任何臉型都能服貼，面膜本身也印有媽祖Q版臉蛋，還特別到日本進行高規格彩色印刷。成分運用的是萃取自台南濱海土壤中的原生菌種，純度高達99.99%，還有蜂蜜、蘆薈與甜沒樂，十足在地文創，好適合送給國外朋友。

美膚娜娜 媽祖涼涼面膜
容量：6入／建議售價：NT$499

goods #12

回復健康亮澤膚色
提供肌膚優越的活化功能

其實我個人挺愛敷黑面膜的，總覺得敷完後很顯白！黑面膜其實也有很多種不同材質，這款面膜採用高密度黑竹碳面膜，質地柔軟、有厚實感，可完全服貼臉部，還能吸附非常多精華液，而且黑竹炭可調節肌膚多餘油脂、污垢，深層清潔毛孔，去除老化角質，並「以黑吸黑」來改善肌膚黯沉問題。成分中還添加了能增加導入能力的鉑金礦物，能有效延緩肌膚老化的黑珍珠萃取，及修復受損肌膚魚子萃取精華等，價格親民但成分奢華。

SASATINNIE
黑珍珠魚子滋養黑面膜
容量：6入／
建議售價：NT$380

韓國NEOGEN DERMALOGY
加拿大冰河活氧淨透泥面膜

容量：120g／建議售價：NT$900

goods
#13

達成最完美的肌膚清潔
強大的髒污吸收力

這款面膜挺有意思的，看起來很像薄荷巧克力冰沙的感覺，抹在臉上會冒泡泡，它是一款冰河泥活氧泡泡泥膜，使用時會有一種快感。冰河泥成分本來就能幫肌膚做到深層清潔，冒泡泡的部分主要是薄膜碳酸膠囊這個成分，敷在臉上時，它的碳酸膠囊會破裂，活氧會進入肌膚對付頑強的髒污，尤其現在PM2.5的問題特別嚴重，懸浮粒子都卡在毛孔很糟糕。每週只要用1～2次，千萬不要以為冬天就不需要深層清潔喔！

goods
#14

特別適合鬆弛肌膚使用
添加橙花精華及橙花花水

4D有機花萃面膜系列，強調舒敏、美白、抗老保養要點，擁有的獨家4D提拉技術更是值得分享，立體構造能完整包覆，所以更貼近肌膚，可加強精華液的吸收。法國橙花面膜特別適合鬆弛肌膚使用，添加有機蝴蝶花萃取物加強肌膚保濕，還以深海紅藻促進角質代謝，維持肌膚彈潤與光澤，減少肌膚水分流失，而法國橙花純淨花水除了擁有能讓心情放鬆的能量，橙花精華還能抗老緊緻對抗肌膚老化，使肌膚彈性緊實。

美愛美 法國橙花抗老緊緻4D保濕面膜

容量：5入／建議售價：NT$389

goods #15

還能敷出天然純淨水嫩光肌

一貼、二壓、三拉、四提

面膜不服貼，是使用布面膜最大的困擾！這款4D面膜除了服貼還有提拉技術，使用時只要一貼、二壓、三拉、四提！有助於緊實臉部肌膚，還特別適合暗沉肌膚使用。含有雪絨花能溫和鎮靜安撫肌膚，並添加衛服部公告核准有效的美白成分——熊果素，它能抑制黑色素生成，改善斑點與色素沉澱，再結合阿爾卑斯山雪絨花純淨花水與美白精華，讓肌膚淨白透亮，敷出天然純淨的水嫩光肌。

\# 美愛美 阿爾卑斯山雪絨花美白4D保濕面膜

\# 容量：5入／建議售價：NT\$389

goods #16

五十倍玻尿酸配方太優秀

敷一片如同完成所有保養

SEXYLOOK的黑面膜是我認定「有效」的開架面膜之一，能這麼讓我有感的開架面膜品牌，還真的不多！首先這款黑面膜使用的材質非常「導入儀」的角色，能深層加倍導入保濕精華成分，使肌膚真正感覺到有效果，而這款面膜搭配首創50倍玻尿酸配方，小分子玻尿酸深入肌底保濕，大分子玻尿酸幫助表面快速補水，敷一片面膜如同完成所有保養，CP值極高。

\# SEXYLOOK 極美肌密集保濕純棉黑面膜

\# 容量：5入／建議售價：NT\$299

率先破解肌因關鍵活水之謎

第五代玻尿酸保濕系列

玻尿酸保濕系列已經推出第五代了，保濕愛好者應該都敷過這款面膜，大家應該都很愛！因為主成分中的玻尿酸運用了大、小不同分子，另外再添加玻尿酸多醣體及玻尿酸保濕因子，提供給肌膚真正缺乏的，才能深入肌膚底層，內外協同達到鎖水、補水、保水、活水效果。面膜布搭配了DR.WU獨特創新微導棉，任何臉型都很服貼，讓成分更能滲透，找回肌膚表皮層原有的防水屏障，肌膚自然會越來越好。

DR.WU 玻尿酸保濕微導面膜

容量：3入／建議售價：NT$599

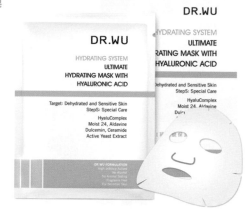

品木宣言整個就是面膜的大本營，任何型態的面膜都有。這款面膜號稱是保養界的「精力湯」，它是雙效合一的泡泡面膜，能同時達到淨化及排毒的功效，空污問題越來越嚴重的現在很需要它。成分為螺旋藻、菠菜及綠茶，剛擠出時是淡綠色泥稠狀，直接將泡泡面膜均勻塗在臉上，厚度需蓋住膚色，它以天然椰子做為發泡劑，接著質地會轉變為泡泡面膜，停留約10分鐘後，以指腹沾水輕輕畫圈，像按摩洗臉般用清水洗淨即可。

號稱保養界的「精力湯」

螺旋藻、菠菜及綠茶

ORIGINS品木宣言 綠野菠菠淨化泡泡面膜

容量：70ml／建議售價：NT$1,550

滋潤還原每一吋肌膚
隱形絲緞輕柔服貼

我必須老實說，這款面膜堪稱是我的最愛，每次快用完還來不及補貨就會有一股焦慮的感覺，它的面膜紙非常薄透，親膚性很好又能完美服貼，蠶絲的纖維非常能吸收精華液，能有效讓精華液進到肌膚裡面，成分中添加了萃取自牛奶的天然生物活性多肽類細胞激素，能促進老化肌膚再生，增加肌膚彈性及緊實度，而修復著重先行舒緩，洋甘菊萃取液則可以舒緩敏感乾性肌膚，降低外在發炎刺激，鎮定修護改善暗沉。因為成分溫和材質薄透，想緊急修復時也可以連敷個一星期，肌膚能獲得有效的改善，我身邊的女孩們也都被我影響，每個人也都對這款面膜愛不釋手。

V.BEAUTY 多元修復保濕蠶絲面膜
容量：5入／建議售價：NT$599

乾性肌也能使用的毛孔面膜
如同滿臉抹了濃厚奶霜

這款面膜推出時，CF還搭配幾位很可愛的反孔部隊小兵挺吸睛的，而且產品效果深受男女消費者喜歡，我也試用了，一開始還真的嚇了一跳，因為它的質地也太「濃厚」了！好像抹了榛果奶油在臉上的感覺，是柔軟的霜狀，薄薄一擦完全不透明，肌膚每個部位都能牢牢敷住，接著靜待15～20分等面膜乾，但並不會乾到緊繃不舒服，加水輕搓會感覺到有小顆粒，主要是核桃殼、纖維素等去除角質成分，清潔效果好，還有乾性肌專用玻尿酸基礎型。

innisfree 超級火山泥毛孔潔淨慕絲面膜
容量：100g／建議售價：NT$690

Abysse 黃金藻
保濕逆齡多效面膜
容量：5入／
建議售價：＄1,680

致勝關鍵在於續航力
真的超服貼超保濕

我很愛敷面膜，所以從面膜紙的大小、服貼度、透氣性等我都好挑，所以能夠讓我一用再用的面膜就真的是好面膜，這款是我只要出國出差或是度假就會帶在行李箱的面膜，除了它真的超保濕之外，我覺得它敷一片抵過一些面膜的三片效果，而且紙膜的裁切讓保養成分可以深入吸收到一些平常較少保養的部位，像是前眼頭或是人中部位，因為很多面膜在細節處並沒有注意到這些，所以這款是真正「面面俱到」的面膜。

十分鐘肌膚急救SOS天后
全台銷售No.1泥狀面膜

這款面膜已經推出20年了，但成分及效果仍然無人能比，果然是奇蹟。使用方法很簡單，總之只要是對膚況不滿意時，敷個10分鐘就對了！但說真的一開始用它的時候還真不習慣它的味道，因為成分中添加了硫磺、樟樹精華及水楊酸，所以有微微的硫磺味，可是它可以改善黯沉、收斂毛孔以及加速新陳代謝，就如同幫臉部肌膚泡溫泉一樣，只要敷過一次就會上癮，身邊的痘痘肌苦主沒一個不愛它，連背部的痘痘問題也能敷。

ORIGINS品木宣言 奇蹟面膜
容量：100ml／建議售價：NT$980

---

goods
#23

獨特活氧清潔科技配方
解決所有肌膚暗沉乾燥問題

當初紐約朋友推薦我用，我就深深愛上它，而這類活氧清潔型保養品在夏天肯定會大受歡迎，深層清潔毛孔實在是太重要了，因為卡在毛孔中的髒污絕對比你想像的還要頑強，尤其是空污問題。這款泡泡面膜只需要敷5分鐘，實在是太適合我了！氧化性潔面成分能深層清潔毛孔，去除污垢、油脂和殘妝，還添加了胺基酸和天然杏仁精華，所以溫和不易刺激皮膚，更含有角鯊烯和甘油，深層清潔後並不會感到緊繃，能溫和有效的將清潔、淨化、平衡、紓緩一次完成。

MALIN+GOETZ 深層潔淨泡泡面膜
容量：118ml／建議售價：NT$1,600

---

goods
#24

六十秒超濃密碳酸泡泡
一掃肌膚暗沉＆壓力

ORBIS算是很早將碳酸保養引進台灣的品牌之一！除了這款很紅的碳酸面膜，之前還有限定推出的碳酸洗髮品。今年夏天又將開始流行泡泡保養，敷過這款面膜除了能讓肌膚立即感受到明亮外，趕時間的時候還可以當成泡泡潔面乳使用，很方便！它的碳酸泡泡成分中有「膠原蛋白」及「蜂王漿精華」，敷在臉上的時候也非常濃密，所以能產生「密封包覆＆蒸汽效果」，徹底清除毛孔中的頑強髒污，還能一邊讓美容成分持續浸透肌膚。

ORBIS 活氧亮顏碳酸面膜
容量：100g／建議售價：NT$820

#面膜

goods #25

女人們終於可以盡情大笑
每週兩回使用這款抗皺眼膜

很多女性都只愛淺淺微笑不敢露齒大笑，不是親和力不夠，而是害怕表情紋會停留在臉上，尤其是眼周細紋，熟齡肌膚缺乏彈力，這些細紋一旦出現就很難再消失，但是只要敷上這款眼膜就放心盡情大笑吧！這可是所有美容保養編輯一致認同有效的推薦好物，主要成分為具有高抗皺效果的高純度維他命A，及抑制黑色素過量生成的4MSK，蝴蝶蘭形狀貼片敷於眼周10分鐘後，還可以倒過來敷於法令紋！這麼好的成分一定要物盡其用。

SHISEIDO資生堂
全效抗痕白金抗皺眼膜

容量：2片×12包／建議售價：NT$2,200

goods #26

只要敷個十分鐘即可見效
好萊塢明星跑趴前必用品

好萊塢大明星們都在用的面膜終於來了，而且全六款面膜其實都很不錯，有發光、美白、毛孔、緊實、保濕、淨化等。這款發光面膜是品牌第一款產品，它誕生的原因也很有趣，主要是創辦人夫婦受愛跑趴的朋友委託，希望能設計出一款重要場合前使用，可立刻消除疲倦瞬間發亮的面膜，就是它！主要以古火山浮石岩來去除老廢角質，再用海泥淨化肌膚，接著以獨家科技提高肌膚的活氧力，難怪能10分鐘見效，而且發光感會持續。

GLAMGLOW
瞬效完美發光面膜

容量：50ml／
建議售價：NT$2,600

goods
#27

一邊淨化一邊滋養雙管齊下
混合性肌膚不再分區保養

這款面膜我很喜歡，有別於一般淨化型面膜，其實亞洲消費者混合性膚質很多，有著分區保養的困擾，所以這類面膜只敢敷T字，但GLAMGLOW在這款面膜中另外添加了能深層淨化肌膚並同時滋潤的四種植物精油（刺梨、松樹、乳香、沒藥），淨化同時補足能量。淨化部分也用了四種礦泥，像是巴西白土、快吸皂土、高嶺土及生物礦綠泥等，所以能給肌膚強效又細膩的淨化效果。敷5～10分鐘後用清水邊按摩邊清潔，肌膚乾淨了，還很柔軟明亮。

GLAMGLOW 超能量淨化面膜
容量：50ml／建議售價：NT$2,600

GLAMGLOW 無重力瞬效緊實面膜
容量：50ml／建議售價：NT$2,600

goods
#28

銀色及變小臉都是種享受
撕除型面膜緊敷三十分鐘

最近臉書都被這款發光面膜給洗版了，朋友全都變成鋼鐵人一般，只要敷這款面膜就會拼命自拍！銀色面膜當然非常有戲劇性，但最主要是「緊實面膜」是我這年紀的重要必備品呀！再加上「無重力瞬效」這幾個字，就更有吸引力了！它是撕除型面膜，所以敷的時間大約要20～30分鐘，視當時的環境，國外有很多影音部落客頗妙，居然在等待時先上眼妝，撕除面膜後再上個BB霜，真的超瘋狂的！

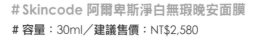

goods #29

新嫁娘指定連續使用十四天

比用青春露還要過癮

青春露控一定都會跟我說「青春露好用,但青春敷面膜更過癮!」,因為雖然平常也會用青春露來幫肌膚做濕敷,可是重要時刻改用這款搭配獨特超釋放纖維布膜,及含有十倍PITERA的天然活膚酵母精華面膜,敷個10分鐘後效果果然不一樣,應該是說,平日基礎敷臉就用青春露,特殊時刻就用青春敷面膜,像是累到肌膚黯沉時,至少臉不能被看出疲勞感。身邊有很多即將當新娘的朋友,也會連續敷這款面膜14天,不用為了想美美結婚冒險做醫美。

#SK-II 青春敷面膜

容量:6入／
　建議售價:NT$2,600

goods #30

夜間恢復白嫩的守護神

解除「都會型」老化警報

夜間睡眠時間具有強大的肌膚修復力量,當人進入熟睡時,肌膚新陳代謝速度比日間快,更易吸收營養達到良好的肌眠能力,所以近年非常流行睡眠保養法,這款免沖洗的晚安凍膜,就像是肌膚的防風外套,透過它在夜間的「密封性」改善保養吸收不良的問題,還可利用厚敷10分鐘,隨時幫肌膚進行SOS急救。酵母葡聚多醣體、紅海藻能增加自我防禦機能,保護、舒緩敏感,透明質酸成分更能宛如在肌膚裡添加了加濕器,每天醒來都更年輕。

#Skincode 阿爾卑斯淨白無瑕晚安面膜

容量:30ml／建議售價:NT$2,580

#真♥不騙

#MingChuanLee

對內創造美白透亮肌
對外排除黑色髒汙

其實它的包裝上標示著醫藥部外品，所以它有一定的美膚修護效果。它標榜可養成天天敷臉的保養習慣，例如早上趕著出門就敷3分鐘，晚上保養就敷10分鐘，對外、它以MK離子吸附角質層內部沉澱的雜質和黑色素，所以也可以說它是深層清潔面膜，更是空污時期很重要的保養品；對內、它添加了奈米級黃芩萃取精華，還有葛根、人蔘、蘆薈、桑白皮等，能補充角質層內所需水分，洋薊萃取還能縮毛孔，難怪敷完會有水煮蛋的光滑感。

 # KISS ME奇士美
畢凡娃保濕敷容蜜S
容量：200g／
建議售價：NT$3,500

 # KANEBO佳麗寶 Impress 3D立體極致修護膜
容量：35ml（6入）／建議售價：NT$3,600

提高修復力及細胞再生力
3D立體設計全臉服貼

這款面膜取出時好像一整片棉布一樣，面膜攤開後整個還能敷到脖子部位，精華液整整35ml，也因為是3D設計，可以罩住全臉非常服貼！它主要的保養功能是抗老跟美白，一敷改善細紋、鬆弛、缺乏彈力及黯沉的肌膚。成分中添加了超低分子及高分子玻尿酸，能持續照顧肌膚內外部的保濕，JCT活膚抗老機制讓肌膚恢復健康，另外還以山藥萃取及維他命C來改善黑斑、雀斑、膚色不均等問題，敷15～20分鐘就能感覺到肌膚的改變。

藝人名模最愛的SOS面膜

薄敷或加強厚敷都OK

它雖然叫面膜，但它其實是免清洗的SOS急救型保養品，也因為它是清爽的凝膠質地，所有藝人、名模都會在上妝前敷個3分鐘，除了瞬間保濕還能加強後續定妝，也可以加入粉底液使用，使妝感更服貼。也可以每週2～3次在晚上睡前厚敷當晚安面膜使用，搭配去角質後使用效果更好，主要是聚黏多醣體成分能保持角質層水分，並在肌膚上形成一道鎖水保護膜，除了能達到立即緊實功效，底妝也能持久有光澤，是我逢人就推薦的隱藏版好物。

sisley 瞬間保濕緊膚面膜
容量：60ml／建議售價：NT$4,100

goods
#34

紅毯上容光煥發的秘密
奧斯卡女主角艾瑪史東

這款黑玫瑰面膜也是Sisley招牌，感覺就像在用頂級抗老乳霜敷臉一般，所以保養成效速度最快，15分鐘讓肌膚重新容光煥發。因為我最重視緊實面膜，熟齡肌最需要，而且除了臉部肌膚，我連頸部也會一起使用，尤其是感覺到肌膚特別疲憊，或感覺有點蠟黃黯沉的時候就會使用。15分鐘後真的有很明顯的飽滿緊實感，主要是成分中添加的金酸漿花萼、海扇藻及維他命E等，感覺肌膚的膠原蛋白又回來了！

sisley 黑玫瑰頂級乳霜抗老面膜
容量：60ml／建議售價：NT$4,800

#真♥不騙

#Ming Chuan Lee

如同持續做電波拉皮
平時按摩搭配一週兩回厚敷

這款面膜我跟它可熟了，因為只要聽到不需挨疼就能擁有「類電波拉皮」效果的保養品，就會立刻引起我的興趣。其實隨著時光流逝，肌膚很難不逐漸下垂，靠電波拉皮雖能達到拉提效果，可是一旦沒有持續施打，膠原蛋白就會再度流失，老化鬆垮可能會更嚴重，是條不歸路呀！所以這款面膜能運用智慧感應豐盈科技偵測臉部凹陷處，保養並搭配按摩同時，從肌底強建組織，幫助重塑膨彈緊緻，保養最後一道當成免洗按摩霜使用，輪廓緊到骨子裡。

 # RéVive 41胜肽微雕面膜
 # 容量：75ML／建議售價：NT$7,800

goods
#01

成分還不加一滴水喔
4-in-1從頭用到腳

我自己本來就非常喜歡檸檬草香，加上整瓶沐浴露都是以有機蔗糖及新鮮白葡萄汁為基底，標榜「不添加一滴水」，有機成分高達95%以上，所以用起來更安心！另外還添加了來自阿卡迪亞樹的種子，能溫和清潔肌膚，還能潤澤、柔亮肌膚，就連乾性肌膚都能洗後保濕不乾澀，也沒有一般肌膚討厭的那種滑滑感。重點是4-in-1的多功能用途，可以沐浴、潔顏、洗髮、洗手一瓶從頭用到腳，是忙碌現代人的最愛。

Dr. Bronner's布朗博士 檸檬草沐浴露
容量：710ml／建議售價：NT$899

goods
#02

三重天然滋潤配方

專為乾燥敏弱肌設計

只要皮膚有過敏發癢狀況，通常醫師都會建議你多吃麥片（蛋白質敏感者除外），因為麥片中含有抗氧化物及多酚化合物，可以減緩肌膚發炎狀況，包括痘痘問題；艾惟諾的保濕乳即是以燕麥芯精華成分為主，因為這個成分可以保濕及舒緩受損肌膚，像是乾癢及敏感等問題，並加強肌膚的防禦力，讓受損肌膚的pH質回到健康狀態。其實艾惟諾最令人印象深刻的是代言人Jennifer Aniston，她以吃好、用好的生活態度詮釋產品，讓人對品牌更加信任。

Aveeno艾惟諾 燕麥高效舒緩保濕乳

容量：354ml／建議售價：NT$409

goods
#03

全天候水嫩保濕

洗臉沐浴一瓶兩用

對男生來說這款潔膚露實在是太方便了，因為一瓶可以洗全身！其實主要是施巴是專為敏感肌膚所誕生的品牌，所以系列產品皆以簡單保養程序為主，產品也都是pH5.5溫和不易刺激，而且敏感及乾性肌膚最怕洗澡後的緊繃感，潔膚露成分中添加了能長效保濕及鎖水的成分，還有受損肌膚最需要的尿囊素與多重維生素，除了修護及加強保濕，還能改善黯沉，也因為全家大小都能使用，更是家庭常備清潔用品。

Sebamed施巴 潔膚露

容量：1000ml／建議售價：NT$1,020

為指甲築起一層保護膜
提供營養與滋潤

想擁有健康亮麗的指甲，或是做美甲時總是傷害到自身的指甲？所以絕對不能忽視最基本的居家指甲護理～這就跟臉部保養一樣，只要養成「順便」保養並持續修護指甲的習慣，你會發現指甲更健康，你的雙手也變得更有魅力，像我的手常常要上鏡，所以一直在找可以讓指甲邊緣變美的方法，一般的指緣油續航力都不夠力，夠力的又都油得不得了。而這一小管可厲害了，每天睡前（白天給你想到也ok啦）在指甲邊緣打圈按摩一下，指緣那些小死皮突然就消失了，然後指甲看起來就像上了亮光一樣，我真的是一試成主顧，逢人就推薦。

Depend 護甲覆甲霜
容量：10ml／建議售價：NT$199

Dr. Bronner's布朗博士
　薰衣草椰子嫩膚乳液
容量：237ml／建議售價：NT$549

更能修護乾燥肌膚
全身肌膚都能使用

沒想到有機薰衣草精油加上椰子的味道會那麼「可口」！有機薰衣草精油含有豐富維生素，不僅能幫助修護乾燥肌膚，還能鎖水保持肌膚水嫩，另外有機椰子油更不用多說，椰子油可是植物油中的明星！另外還添加了有機荷荷芭油、大麻籽油及酪梨油等，共添加了四種植物油，但用起來是乳液質地不用擔心，保濕滋潤但不黏膩，很清爽，全身都能使用它來保養，包括當護手霜及足部滋潤等。

一瓶搞定5 in 1
前胸後背涼爽淨膚調理

這產品的包裝意象其實有點幽默，對我這樣的年紀來説有點……但是它真的很好用！尤其是夏天的時候很容易流汗，身體肌膚隨時都很黏膩，黏到一天最少要洗2、3次澡，不然背後就很容易長粉刺，這款身體噴霧添加了薄荷，所以噴在身上或背上非常舒服，而且還有茶樹精油，能調理油脂分泌，防止痘痘生成，而且用完之後很保濕，也等於是身體保濕噴霧，在家要放一瓶，辦公室也要放一瓶！（我還是要説它的瓶身很幽默）

Hanaka花戀肌 華大夫淨膚身體噴霧
容量：110ml／建議售價：NT$249

專科 精油身體乳
容量：200ml／建議售價：NT$200

微米化易滲透、好吸收
新版添加了四種植物油

2015年，專科就已經推出添加美容精華油製成的身體乳液，無香跟舒緩花香兩款都很受歡迎，男生通常會選無香款，也因為它運用了專科獨家的「超微米技術」，讓你在使用時感覺不到植物油，但肌膚又能獲得美容油的滋潤呵護。2016年又再推出三款新包裝，還增加了清新花香，連成分也升級了，添加了更多種類的植物油，有「玫瑰果油」、「橄欖油」、「荷荷芭油」及「摩洛哥堅果油」四種，微米化後易滲透、好吸收，讓你不知不覺習慣了天天被植物油脂撫慰。

舒緩肌膚囤積的壓力
調理健康肌膚的起點

今年才剛推出的植萃舒活系列總共有3個品項，有化妝水、菁華液及這款重點露，當肌膚壓力來的時候會產生發炎狀況，立刻反應在肌膚上的問題就是紅腫及痘痘。針對痘痘的抗菌需求部分使用了真正薰衣草及迷迭香等精油，舒緩發炎則使用了西葫蘆萃取精華，還有調節油脂分泌、收斂毛孔及鎮靜等成分，可以達到有效的改善。使用方法很簡單，只要將精華與粉末搖勻、點在痘痘部位，也可在晚上以化妝棉濕敷鼻頭、鼻翼3分鐘，用來抑制粉刺生成。

CHIC CHOC 植萃舒活重點露
容量：20ml／建議售價：NT$790

讓肌膚更柔軟又清爽
明星商品柑橘香身體乳霜

Grown Alchemist是來自澳洲墨爾本的品牌，創辦人Keston和Jeremy Muijs親兄弟在2016年10月還曾來到台灣，親自參與品牌來台上市的活動，我當時就喜歡上這個品牌了，因為除了成分及化妝品專業外，這品牌還融入了人物生理學理念，因為人類的生理時鐘影響著身體肌膚的變化。這款身體乳霜是明星商品，也是我第一個用到凹凹的產品，因為成分中的柑橘、迷迭香葉味道太舒服，男女不拘，而且非常保濕，每天早晚都用，另外也有500ml罐裝家庭號。

GROWN ALCHEMIST 身體乳霜
容量：120ml／建議售價：NT$800

與皮膚專家一同研發
給你如絲般的肌膚觸感

這款乳霜深受好多媽媽的喜愛，因為它能針對小孩的濕疹及異位性皮膚炎達到有效的改善，連嬰兒也可以使用，而且全身肌膚適用。除了無香精、無皂鹼外，主要的重點成分為三重神經醯胺（1, 3, 6-II型），能將角質層的脂質和水分連結起來，是皮膚角質層內形成肌膚屏障最重要的物質，強化肌膚防禦及對抗外界污染能力，如同肌膚表層的防衛軍，就不用擔心因刺激而受損。另外也有潔膚露及身體乳可以搭配使用。

#博士倫 絲若膚保濕乳霜

容量：453g／建議售價：NT$1,180

#St.Clare聖克萊爾
粉刺速淨MP3

容量：20ml、40ml、20ml／
建議售價：NT$899

首創經典三劑合一
全球熱銷三百萬組

台灣根本就是粉刺之國，不管是怎樣的膚質都深受粉刺之苦，所以當聖克萊爾推出了這款聖品後，大家也開始正視毛孔調理問題，以不形成黑頭粉刺為目標，認真的保養毛孔！它以「軟化」、「拔除」、「緊緻」三劑來完成簡單三步驟，尤其是貼心的軟化步驟，可以減少強制拔除的刺激性，還可以增加拔除時的成就感，最後還不忘得緊緻毛孔，降低粉刺的生成率，也可以避免因為過度擠粉刺而演變成酒糟鼻的問題，很好用喔！

連護手霜控的我都愛用
歐舒丹產品中的經典之作

對乳油木果這成分的深入認識，就是從它開始，這款護手霜可說是歐舒丹全產品經典中的經典！每3秒就能賣出一條，用過的人都會愛上乳油木果這個成分！茉莉及依蘭依蘭香味淡淡的很天然，深受歐美及日本大明星們的喜愛，我這個護手霜控也愛用，而且它的包裝很中性。也因為這款護手霜太經典，還陸續推出多種不同香味及限定版包裝，滿足喜歡香氛也愛乳油木果的消費者，一推出總是很快就被一掃而空，尤其玫瑰香，玫瑰總是討喜。

#L'OCCITANE歐舒丹 乳油木護手霜
容量：150ml／建議售價：NT$1,100

#BONDI WASH
塔斯曼尼亞胡椒&薰衣草室內噴霧
容量：150ml／建議售價：NT$850

襯托出澳洲薰衣草的放鬆氣息
胡椒帶有淡淡木質香氣

如果家裡可以擁有很多BONDI WASH，連我都會愛上做家事！真的～BONDI WASH是來自澳洲的居家清潔品牌，除了地板清潔、洗碗精、洗衣精，還有個人護理、寶寶及寵物清潔用品，味道全都是天然成分及植物精油，胡椒&薰衣草是我最喜歡的系列，同一個香味有一系列產品，我最常用室內噴霧，因為它不論是浴室、車內、衣櫥或玄關等都可以用，也可以直接噴灑在衣物布料和床單上，布料整個會有剛洗過的清新感，讓人心曠神怡好舒服。

goods
#14

雖然是乳液但質地像絲綢

搭配沒藥香氛更是我的菜

死海天然晶礦成分除了能淨化肌膚外，還能增加循環跟代謝力，所以我都會用這款身體乳液做淋巴按摩，尤其是工作久站或久坐的腿部，循環不好就很容易感覺到腫漲。喜歡這款身體乳還有另一個原因就是香氛，主香是木質調的沒藥，再帶一點點玫瑰香，很能夠幫助入睡。另外它雖然叫作乳液，但質地像絲綢般很好吸收，成分中還添加了橄欖油、酪梨油、荷荷芭油與小麥胚芽油等，所以Omega 3、6、7、9全到齊，保濕修護及乾荒問題都能一次解決。

SABON 死海晶礦身體乳液
容量：200ml／建議售價：NT$1,380

goods
#15

像香水後味般的辛香氣味

最適合屬於暖男風格的我

Aesop的產品一直讓我覺得它們很帥，因為包裝非常極簡，大多是黑白色系，只有條狀保養品有著各種顏色，是我浴室中的時尚配件。在身體乳部分，它們最受歡迎的其實是天竺葵，因為它帶有玫瑰草本香，但我偏愛這款，成分中添加了芫荽籽、黑胡椒及廣藿香等精油萃取，有點像香水後味一樣能帶來暖暖的辛香氣味。保養成分用的是小麥胚芽油、甜杏仁油及乳油木果油，專門針對我這種乾性膚質，但它吸收力又很好，完全不油膩，還有身體潔膚露。

Aesop 堅毅辛香身體乳霜
容量：120ml／建議售價：NT$1,100

175

免充電隨身涼風扇
精神不濟打瞌睡的酷暑良方

讓ORIGINS打響名號的產品並不是面膜,而是空姐、櫃姐、上班族、孕婦都愛不釋手的漫步在雲端腿部舒緩霜,但這款舒緩霜大家都很熟了,這次要分享另一款超沁涼隱藏版商品,夏天熱到頭暈快中暑,或是需要提神醒腦的時刻,心靜自然涼舒壓凝膠一抹就能讓你立刻冷靜還會感覺有點冷,因此被愛用者暱稱為用擦的Airwaves,它的成分中添加了羅勒、歐薄荷及尤加利,在指腹間搓揉後深深嗅吸,連鼻塞都能馬上通,按摩耳垂及太陽穴效果也很棒。

ORIGINS品木宣言 心靜自然涼舒壓凝膠
容量:15ml/建議售價:NT$600

連手部乾裂者也能享受香氛
奶油乳狀質地滋潤但不油膩

我好像特別愛分享護手霜,沒錯!護手霜對我來說非常重要,是我的隨身小物之一。這款極潤護手霜回購率很高,尤其是受手部乾裂問題所困擾的消費者,因為它不添加防腐劑跟礦物油,而且它夠滋潤但不會感覺油膩,味道也很不錯,它有四種香味,最受歡迎的是香蘭跟茉莉,但我個人喜歡的是SABON經典PLV,這系列的香味都帶有暖暖的木質辛香調,連沐浴凝膠都很棒。

SABON 經典極潤護手霜(經典PLV)
容量:75ml/建議售價:NT$880

#NEOM 皇家奢華
極致美肌香氛蠟燭
容量：140g／
建議售價：NT$1,500

^{goods}
#18

在夜晚帶來滿滿暖意與紓壓
以溫感蠟油按摩與指壓

如果家裡擁有NEOM的味道，才能真正知道什麼叫放鬆啊！NEOM的香氛整個就是全新的生活態度。我特別喜歡這款擁有法國薰衣草、茉莉及花梨木的美肌香氛蠟燭，為何叫「美肌」呢？因為這是專門為身體按摩保養設計的香氛蠟燭喔！一邊享受包覆著喀什米爾毛毯般的香氛，一邊用融化的蠟油暖暖按摩，不要懷疑，它的成分中使用了100%純天然植物精油、可可脂、大豆油、油菜籽油及富含維他命的甜杏仁油，將融化的溫感蠟油用來按摩真的太紓壓了。

BULY1803 手足霜
容量：75g／建議售價：NT$1,600

^{goods}
#19

手足霜更是旅行伴手禮
懷舊手繪插圖功能淺顯易懂

其實一開始被BULY1803吸引，主要是因為它那充滿玩心又很懷舊的手繪插圖，而且去國外回來的朋友都會買這款手足霜、潔膚皂及牙膏等等，因為門檻比較低，可以買回來送給好朋友，我自己的話是一定會帶這款手足霜的，它的滋潤度很足夠，所以連腳跟都能一起護理，成分中添加了洋甘菊露、芝麻油、乳油木果等，沒什麼味道，但護膚效果好，如果你的手還好，喜歡便宜香香的護手霜也行，但如果手部特別乾或特別顯老的話，這款手足霜就很適合你。

goods
#20

以牛棚改建的SPA為靈感

精油護手霜目前愛用中

這款名為COWSHED牛棚的品牌典故非常有趣，產品緣起全都來自以牛棚改建的SPA中心，因為SPA中心的自產保養品太好用了，才在常客的建議下以正常產品販售，並直接取名為COWSHED。我一直在強調我非常愛用護手霜，所以我先以護手霜來入門，這禮盒內有薄荷柔潤護手霜、葡萄柚舒緩護手霜及薰衣草滋養護手霜，聞起來就是天然的植物精油香，清爽不油膩好吸收，但又有雙手戴上隱形手套一般的安全感，目前持續愛用中。

\# COWSHED 經典三重護手禮盒

\# 容量：50ml（3入）／建議售價：NT$1,100

goods
#21

跟貝克漢用一樣的精油

我的每日舒緩必需品

AROMATHERAPY ASSOCIATES是英國皇家經典芳療品牌，我本身一直有在使用中，也非常熱愛，尤其是各種精油，創辦人本身師承於英國白金漢宮御用芳療師，所有精油都取自有機植物。這款乳香精油可幫助呼吸更深緩，放鬆緊張的大腦拓寬思維，集中精神及清晰思緒，對我的工作情緒很有幫助，可以搭配香薰座使用，但我都是滴在手心搓揉後嗅吸。我另外也會使用能幫助睡眠的舒和薰衣草純香精油，效果非常好，本人真心大推。

\# AROMATHERAPY ASSOCIATES 舒爽乳香純香精油

\# 容量：10ml／建議售價：NT$1,550

goods #22

頂級享受無限奢華
寵愛雙手就跟寵愛臉一般

這款護手霜從入手那天就一直使用到結束，就算是50ml並不迷你，我還是每天放在包包中隨身攜帶，因為很喜歡它晶鑽桂馥系列固定的香味，成分中主要以天竺葵、葡萄柚、迷迭香、洋甘菊、苦橙等植物精油香味來舒緩心情，主要是還添加了六胜肽與快樂鼠尾草酵素這兩種抗老成分，因為手部肌膚不是滋潤保濕就好，手部也是我的重要門面，避免皺紋跟斑點的需求明明就跟臉部肌膚一樣重要，另外還有葡萄糖胺，能讓手部肌膚柔軟平滑。

BOBBI BROWN 晶鑽桂馥護手霜

容量：50ml／建議售價：NT$1,350

goods #23

連演藝圈男女藝人都愛用
效果比咖啡因強的粉紅胡椒

Melvita
粉紅胡椒美體油

容量：100ml／
建議售價：NT$1,580

明明是歐盟最高有機認證品牌，卻也能研發出擁有口碑極佳的纖體產品，尤其是針對臀部微笑線及鬆弛部位，高雅的辛香氣味更是被用來當做香水使用，這個粉紅胡椒可是受到很多演藝圈男女藝人的歡迎喔！粉紅胡椒效果高於咖啡因許多，能減少紋路產生，讓肌膚變得更平滑、緊緻，再加上排毒沙棘果油，改善水腫黑胡椒油及保濕玫瑰果油等三種漿果油，更能加強循環與代謝力。最佳使用時機是運動的沐浴後，每天早晚也可以搭配淋巴按摩使用。

#DARPHIN 芳香潔淨調理膏

容量：15ml／建議售價：NT$2,750

goods #24

神級痘痘膏本人就是它
顛覆了油會致痘的迷思

這款調理膏可是被愛用者供奉為神級「痘痘膏」，混合性及油性黯沉粗糙等問題膚質都能用，顛覆了油會致痘的迷思，主要是這款調理膏添加了能淨化毛孔、消炎、抗菌效果的白松香、鼠尾草、百里香、白千層、肉荳蔻等植物精油，還有具芳香保養效果的植物精油共17種，再加上植物油混合成膏狀，專門對付生理痘及壓力痘、粉刺等，連我的成人痘也不是問題，只要塗抹在痘痘部位然後繞圈圈按摩30秒，經過一晚的淨化調理，痘痘很快就能平復。

goods #25

獨樹一格的香氣超加分
完全不油膩磨砂膏讓我驚豔

這種添加了海鹽跟植物油的磨砂膏，跟一般的身體磨砂膏比起來，我比較不會用，因為用完得再洗一次澡，植物油是還好，但海鹽總是要沖乾淨吧！話說SABON的香味真好，在香氛品牌中居然可以獨樹一格，有做出自我的風格，身邊很多女藝人也都超愛的，於是我就挑戰了這款身體磨砂膏！結論是——驚！除了去角質外、順便拋光外加滋潤保養，水一沖完全不殘留不油膩，留下的只有不需要再擦身體乳的美肌。

#SABON
經典身體磨砂膏

容量：600g／
建議售價：NT$2,080

忙碌現代人的舒緩鎮定良方 還能改善不良睡眠品質

保養時順便進行芳療按摩，能大大提升保養效果喔！讓你失衡的肌膚及心情獲得平靜，這時就不能不分享花植精油界的專家——DARPHIN精露了，每款芳香精露都結合了幾種不同的精油及植物油，以達到改善膚況的最佳效果，而最能夠舒緩鎮定敏感膚質的甘菊芳香精露，最適合壓力大的忙碌現代人，因為清新羅馬洋甘菊除了能改善緊繃與肌膚敏感外，還能改善睡眠品質，使用時搭配DARPHIN的淋巴引流手法，更能強化肌膚抵禦外界負面因子的能力。

 # DARPHIN 甘菊芳香精露

容量：15ml／建議售價：NT$2,750

Chapter 4

一起來
妝美美**就對了！**

goods
#01

持久又清爽的飾底乳
不泛油！不脫妝！

它在網路上頗受好評，主要是因為它的持久透氣粉末除了能吸收油脂，達到控油效果，粉末覆蓋毛孔後、還能利用光影讓毛孔變得較不顯眼，這兩項剛好是亞洲肌膚最需要的妝前乳條件。淡淡粉米色能自然提亮膚色，減少後續粉底液的使用量，另外還添加了洋甘菊萃取、特級玻尿酸等，增加使用時的延展度，還能維持肌膚的潤澤感，補充妝前保養的不足。

 # CEZANNE 長效控油妝前隔離乳
（SPF28 PA++）

 # 容量：30ml／**建議售價：**NT$290

goods
#02

一舉數得回購率100%
防曬、美白、修護一起來

這款產品其實已經推出好一陣子，當時一推出，很多人還沒用完就趁著藥妝店打折快快回購，因為太好用了！主要重點是它除了高防曬系數，還有美白成分「安定型維他命C」，能有效抑制麥拉寧黑色素生成，淡化黑斑和痘疤，防曬同時美白，還添加了同時給予肌膚修護的維他命E與礦物質，一舉數得，用它來防曬超安心，而且質地潤澤清爽不黏膩，根本就像在用保養品一樣。

＃Za 美白防曬霜（SPF26 PA++）
＃容量：35g／建議售價：NT$200

＃Za 全效透白防護霜（SPF24 PA++）
＃容量：50g／建議售價：NT$350

goods
#03

完成控油保濕美白隔離
日間保養只要一瓶

今年會是保養型防曬品的天下，不同於以往在防曬品中添加保養成分，而是在保養品中增加防曬功能，所以保養程序都跟平常一樣，卻悄悄的已經使用了防曬品。這瓶Za的美白日霜，是白天專用的乳霜；日霜所添加的成分除了能增加肌膚在白天的防禦力外，還能保濕、抑制肌膚底層的黑色素生成，並改善已生成的黯沉及斑點，只要一瓶，即可完成控油、保濕、美白、隔離等日間保養，觸感清爽，不黏膩好吸收，任何膚質都適合使用。

「光老化」防曬新觀念
徹底阻斷強力紫外線

這款防曬一看包裝就知道鐵定是海邊用的，黃色正代表了戶外活動的炙熱太陽，是的！這款防曬可以防水耐汗，而且名為防曬「露」，一定非常清爽囉！這款產品是2013年就推出的防曬品，當時就已經達到了最高的防曬係數，可是完全不厚重，非常清爽，還添加了透明質酸、迷迭香精華等保濕成分，所以用起來根本就像保濕乳液一樣，又能確實阻斷紫外線，不想被曬黑的夏天就靠它了！

ORBIS 極致抗陽防曬露（SPF50+ PA++++）
容量：50ml／建議售價：NT$620

too cool for school 雙重遮瑕妝前乳
容量：50ml＋1.5g／建議售價：NT$880

瓶蓋還有毛孔隱形膏
瓶身為底妝前保濕隔離霜

這款產品真的是懶人的最愛，而且還非常省荷包，不用千元就能一次入手妝前保濕乳及毛孔遮瑕品，而且只要一瓶方便攜帶！瓶身為妝前保濕隔離霜，內含85%的保濕成分，在上底妝或BB霜前全臉使用，除了能加強保濕，還能微微提亮肌膚的黯沉感，接著毛孔較大的部位就使用瓶蓋的毛孔隱形膏做重點部位加強，效果很不錯，畢竟妝前保濕與遮毛孔無法一瓶搞定，因為所需要的產品質地也不一樣，所以這瓶真的很方便。

goods
#06

解決暗沉與膚色不均高手
質地如同使用精華液般

這款隔離乳是我用過的產品中，第一個能有效調整暗沉與膚色不均的產品，因為成分中添加了獨家的神秘金粉，而且從第一瓶到現在已經第五代了，質地及妝感持續升級中。在保濕及延展性上，每年都獲得各雜誌美妝大賞的青睞，因為成分中添加了五種植物成分，三種保濕玻尿酸，難怪用起來總是像在用精華液一般，而且還很奢侈的添加了橙花水，這個成分也是PAUL & JOE保養品中的明星成分，這款產品從我出道至今也忘了用完幾瓶，是超級經典品。

PAUL & JOE糖瓷絲潤隔離乳S
（ SPF15 PA+，#03無防曬係數 ）
容量：30ml／建議售價NT$1,400

goods
#07

對付惱人的粗大毛孔問題
運用三種效果各異粉體

很多人只要聽到「柔焦」兩個字，整個人精神都來了，因為海島型氣候的關係，油脂分泌過度而擴大的毛孔，是真的很難靠保養走回頭路，所以針對底妝前的遮毛孔產品就大受歡迎。這款柔焦隔離霜N運用了三種不同效果、形狀及尺寸的粉體，能應付並完全服貼於整個肌膚凹凸處，妝效非常顯著，雖然是妝前隔離霜，卻在保養成分也不馬虎，#00色號為所有膚色皆宜的透明型。

RMK 柔焦隔離霜N（#00）SPF14 PA++
容量：30g／建議售價：NT$1,350

可愛包裝任誰都愛不釋手
誰還會忘記擦防曬呢？

其實只要產品具有吸引力，討喜可愛，消費者就會想去用它，如果你總是忘記擦防曬或覺得又黏又膩的不喜歡，那就選可愛漂亮又好用的防護精華N。吉麗絲朵的臉部及身體防曬品，每年都會推出可愛的限定包裝設計，當然也有素面的常態版本，雖然防曬係數高，但乳膠狀質地在使用時會如同水一般化開，還能潤澤肌膚，因為添加了水解絲蛋白及蜂蜜等，還有能讓流汗時也能維持舒適觸感的清爽粉體，純白花香調也是受歡迎原因，而且這個包裝拿來送人很加分。

JILL STUART 吉麗絲朵 純白花漾防護精華N
（幸福花語）SPF50+ PA++++
容量：60ml／建議售價：NT$1,100

#M.A.C 妝前透亮持妝露
容量：50ml／建議售價：NT$1,700

底妝安瓶能提亮膚色活化肌理
溫和控油並使肌膚白皙明亮

這款妝前透亮持妝露又稱為「底妝安瓶」，因為它能解決肌膚上妝後可能會產生的各種問題，例如肌膚太乾、妝感無法服貼、膚色太黯沉導致妝感厚重、出油問題讓整個妝一出門就大崩壞等等，這款持妝露添加了半透明保濕配方及明亮珍珠粉末，可使未上妝前的黯沉肌膚轉化成透出健康光澤的自然紅潤，自然而然打造出薄透的粉嫩萌肌；我是真的很在意妝前修飾，因為那是完美底妝的關鍵。

goods
#10

徹底防禦紫外線
高防曬係數持續潤澤

從一推出我就愛用到現在，之前對這麼高防曬係數卻擁有如此水感感到非常驚訝，使用時完全不覺得是在用防曬，反而比較像是在用保濕身體乳，重點是它還添加了防水配方，針對戶外運動的汗水和皮脂等具有防潑水效果；一般有這種防水配方在使用時都會泛白而且很厚重，但這款產品完全不會，保養成分也很用心，添加了能舒緩發炎狀況的甘草，還有礦物酵母菁華、蜂王乳菁華及嫩桃菁華等保濕成分等，真心覺得好用。

＃ RMK UV防護乳50（SPF50+ PA++++）
＃ 容量：50g／建議售價：NT$1,100

goods
#11

提出「分色塑顏法」！
運用色彩學的補色原則

這款像唇膏包裝一樣的飾底膏是目前討論度超高的新品，因為它有雙重質地，內圈中心除了CD字樣，還有柔焦微粒子及保濕成分，可做妝前柔焦飾底，外圈有四款色選，以淺綠、淡黃、嫩桃及冰藍來針對底妝三個關鍵點，底妝光透度、唇周和眼周等，分別對應膚色泛紅、斑點、黑眼圈及蠟黃等困擾做修飾調和，在底妝前，將肌膚瑕疵輕鬆修飾到完美狀態，就像是透過美肌濾鏡一般，後續再與各種型態的底妝完美融合，不只彩妝師，連你都可輕鬆完成。

＃ Dior 瞬效
美肌飾底膏
＃ 容量：3.5g／
建議售價：NT$1,400

#底妝／防曬妝前

KRYOLAN歌劇魅影 光燦粉妝慕絲
容量：50ml／建議售價：NT$2,000

goods
#12

形成如瓷娃娃般亮透膚質
從肌膚底層水透出來

歌劇魅影的粉妝慕絲，可是數一數二的明星級妝前彩妝品，以能呈現如同瓷娃娃般的肌膚而相當受歡迎；另一款凝水粉妝慕絲也很紅。這款銀白色的光燦粉妝慕絲含3D玫瑰折光粒子，主要是利用自然光線，讓明亮從肌膚底層水透出來，形成如瓷娃娃般的輕盈亮透膚質，慕絲中還含有天然保濕因子，可以保濕達16小時，主要是蘆薈的內層膠體及纖維質，能在皮膚表面形成很薄的保護膜，減少皮膚因空調或空氣而乾燥，妝感也會更加服貼，而且這支是只要我在節目上介紹、隔天櫃上就會秒殺的商品呢！

goods
#13

打造清新無暇的底妝
抗老、喚采保濕妝前乳

如果想要讓底妝輕薄無瑕，妝前乳的選擇就非常重要。這款妝前乳能快速被吸收而且無重量感，輕滲透配方能撫平肌膚瑕疵、淡化細紋並縮小毛孔，美白活性因子還能讓膚色均勻，使用後就像用了美肌APP一樣，這樣的素顏就很不錯了，而且拍照就不用再修圖啦！成分中添加了植物萃取與玻尿酸，還有維他命A、E能緊實滋養肌膚，有效對抗自由基，所以就算在家不出門，白天也能當作保養的最後一道使用。

EVE LOM 喚采無瑕妝前乳（SPF30）
容量：50ml／建議售價：NT$2,400

goods #14

猶如打上一層「柔焦光」
顯著緊緻與收斂毛孔功效

沒想到Sisley也有那麼厲害的修飾潤色精華，而且它是精華液質地，所以妝前及妝後都可以使用，其實妝前能讓肌膚變成自體發光肌，再去除倦容撫平細紋，整個後續的妝感就會更加完美服貼，也不需要太多的遮瑕。針對緊緻毛孔部分，主要是大豆胜肽成分中所富含的膠原蛋白，它可以讓凹陷的肌膚表面「膨」起來，柔焦色彩分子再幫肌膚打上一層「柔焦光」，透明無瑕光感肌瞬間誕生，妝後也可以直接於補妝時使用，隨時想遮就遮。

\# sisley 柔焦無瑕精華液
\# 容量：20ml／建議售價：NT\$2,100

goods #15

得靠天王級抗老成分艾地苯
對抗PM2.5環境懸浮微粒

這款產品很新，但艾地苯這個成分已經是抗老界的天王了，所以就算這款智慧防禦乳很年輕，也已經擁有效果卓越的背書。近年大家經常討論空污與老化之間的關係，但在這個問題很難快速被改善之下，我們能做的就是更積極地「自我保護」。智慧防禦乳除了強調高係數防曬外，更強調艾地苯與其他強效成分合成的「抗汙染防護配方」，用以對付因環境懸浮微粒使人體產生過剩自由基導致的老化問題，並保護肌膚免受汙染或紫外線等外界環境傷害。

\# Elizabeth Arden伊麗莎白‧雅頓
艾地苯全能智慧防禦乳（SPF50 PA++++）
\# 容量：40ml／建議售價：NT\$2,650

#底妝／
BBCC

goods
#01

巴黎萊雅第一款輕透光感BB

給肌膚遮瑕保濕亮澤三重美肌力

輕透光感系列的玫瑰金包裝特別美，就像肌膚想要呈現出的光澤感一般，能打造出奇蹟光潤妝感。它的成分中添加了奇幻光感因子TM，能解決亞洲人膚色不均及黯沉的困擾，只要輕輕一抹就能展現出輕盈透亮感，連遮瑕度也很完美，提升了亮澤感後的肌膚，自然就能修飾黯沉瑕疵。質地很輕盈不厚重，無油無香味，也很適合敏感性肌膚使用，其中的保養成分還能明亮肌膚，越用膚質越明亮，越有光澤。

#L'OREAL PARIS巴黎萊雅
輕透光感奇蹟亮顏BB霜
（SPF21 PA+++）

容量：30ml／建議售價：NT$400

可整日持續舒適清爽美肌
輕感服貼毛孔確實修飾

Fasio在防水方面的技術做得很好，像是睫毛膏及眼線、眉筆就非常好用，這款BB霜也很受到油性肌膚歡迎，屬於無瑕輕感質地，而且其中添加的保養成分，趕時間的時候只要這1瓶就能完成7大需求，例如精華液、乳液、乳霜及防曬、妝前隔離、底粧、遮瑕等，我覺得它其實還要再多一項「柔焦」，因為它的修飾效果很能改善毛孔及黯沉問題，有時候夏天出外景總是要頻頻補妝，用這款BB霜除了能減輕我的彩妝箱重量，連補妝都可以省略了。

#Fasio 零油光高持粧BB霜
（SPF50+ PA++++）

容量：30g／建議售價：NT$350

#Freshel膚蕊 美肌淨透
BB霜（零毛孔）SPF43 PA++

容量：50g／建議售價：NT$390

毛孔乾爽又遮瑕
一瓶五效合一保養系BB霜

它如同角質層滋潤防護罩一般，除了防曬係數高，還能同時達到美容液、乳液、乳霜、底妝等效果，這就是「底妝保養進行式」，塗擦底妝的同時也能進行保養，化妝水後就能直接使用，很適合早上想多睡幾分鐘的你！它的水嫩滋潤度很服貼肌膚，妝感效果自然薄透，但又能有效遮飾斑點及毛孔，使用後的質地乾爽不黏膩，很適合亞洲氣候使用，記得只要是BB霜最好都是用拍打的方式上妝，或是也可以用粉底刷來上，效果會更好，整個妝效會更像沒有化妝一樣自然。

抗老防曬CC霜就是頂級GE 使用後有明顯拉提緊緻感

我個人非常喜歡DHC推出的有機鍺底妝系列,推出第一支產品當時,抗老成分方面的底妝還沒有很多,所以能夠抗老的水溶性有機鍺成分則特別受到矚目,而且BB蜜粉餅效果特別好,接著推出修容粉餅、CC霜跟CC蜜粉,跟大家分享CC霜的原因是,使用後有很明顯的拉提緊緻感,因為成分中添加了提拉薄膜EX,而且淺膚色能遮蓋色斑、黯沉及修飾毛孔,防曬係數又高,不想上粉底又需要微修飾的時候就可以直接使用。

DHC 頂級GE(有機鍺)CC霜(SPF50+ PA++++)
容量:40g/建議售價:NT$750

鋪天蓋地阻絕紫外線! 12工透氣防護網

這款BB霜從一開始推出就大受好評了,好評度甚至贏過了韓國BB霜,因為除了高防曬係數外,還添加了美白成分,讓防曬跟美白更能同步進行,妝感也很不錯!這款升級版無油配方就更適合亞洲氣候,讓妝感更加輕盈、更不黏膩、還更透氣,另外再將紫外線防禦範圍擴大到XL超長波型UVA,同時也啟動了表皮層UVB紫外線防禦機制,就像將肌膚包覆在無感輕透卻無懈可擊的保護罩裡,讓光老化的防護更加升級,這也是少數幾支我願意一擦再擦的防曬商品。

LANCÔME蘭蔻 超輕盈柔白BB霜(升級版)SPF50 PA+++
容量:30ml/建議售價:NT$1,950

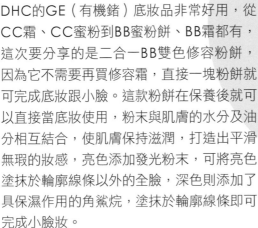

goods #06

越用肌膚越緊緻的BB霜

六年以上頂級蔘萃可不簡單

BB霜流行了這麼久，居然還有BB霜會引起矚目，主要是因為它能小臉，所以具有「小臉BB霜」的美名，但它的小臉效果可不是修容技巧喔！是因為它的成分中含有培育6年以上的頂級「蔘萃」，所以能讓臉龐輪廓越來越緊緻，它還曾獲得法國巴黎美妝大賞的肯定，小臉法國女人們都愛它。這款BB霜只有一個顏色，因為它擁有自動校色因子，任何膚色都OK，男生也不用擔心妝感太白，妝效屬於霧面光感，所以肌膚會有光澤感但並非泛油光。

erborian艾博妍 蔘萃緊緻BB霜

容量：45ml／建議售價：NT$1,600

DHC 頂級GE BB雙色

修容粉餅（SPF45 PA+++）

容量：11g／建議售價：NT$1,270

goods #07

混血逆齡風當道

修出立體米克斯小顏

DHC的GE（有機鍺）底妝品非常好用，從CC霜、CC蜜粉到BB蜜粉餅、BB霜都有，這次要分享的是二合一BB雙色修容粉餅，因為它不需要再買修容霜，直接一塊粉餅就可完成底妝跟小臉。這款粉餅在保養後就可以直接當底妝使用，粉末與肌膚的水分及油分相互結合，使肌膚保持滋潤，打造出平滑無瑕的妝感，亮色添加發光粉末，可將亮色塗抹於輪廓線條以外的全臉，深色則添加了具保濕作用的角鯊烷，塗抹於輪廓線條即可完成小臉妝。

六效合一偽素顏裸妝聖品
洗完臉後就能馬上使用

連我本人都在使用它，因為修飾效果非常自然，又有微潤色的效果，男生都不喜歡讓人覺得臉上有粉感，所以用這類CC霜剛剛好（如果想要妝感更完整就用雪肌精BB霜）。對女生來說，它也是最佳的水潤感偽素顏裸妝。它擁有高防曬係數，也因為它屬於六效合一產品，洗完臉後就能馬上使用，完全取代保養、隔離、防曬、底妝等功能，另外它優秀的延展性來自「白雪潤澤精華」，「白雪結晶狀粉體」還能遮飾毛孔及膚色不均，上妝快速效果值得按讚。

KOSE高絲雪肌精
　　透亮煥白CC霜（SPF50+ PA++++）
容量：30g／建議售價：NT900

就不能輕忽妝前潤色工作
想讓底妝透明又薄透

碧兒泉算是非常早就推出多色妝前潤色的品牌，也幫大家建立起針對膚色對症下藥的概念，例如泛紅用綠色、泛黃暗沉就用紫色修飾的概念，系列商品也賣得很好，這款CC霜延續了這樣的概念，推出紫、藍、綠、白及玫瑰色5種，其實這5色我都有在用，因為全臉肌膚的潤色需求不同，我會用藍色提亮膚色，再用紫色修飾暗沉部位像是鼻翼跟唇周，也常幫膚色過白的麻豆用玫瑰色在顴骨部位增加好氣色，做好妝前潤色可減少粉底使用量。

BIOTHERM碧兒泉 美肌光感亮白CC霜（SPF50+ PA++）
容量：30ml／建議售價：NT$1,500

goods
#10

為肌膚帶來光澤潤澤
人蔘精露及多彩寶石粉

這個底妝系列主要成分為漢方潤澤成分，另外漢方基底水添加了「人蔘精露」，這個厲害了，它是將人蔘運用如同花水純露一般的水蒸氣蒸餾法，所蒸餾出的人蔘精露，可以快速補充肌膚的水分。就算妝前沒時間好好保養，這款BB乳還是很好延展又柔潤，難怪叫BB「乳」，這款BB乳裡還添加了「多彩寶石粉」跟「淨白粉」，光澤及霧化瑕疵的功能來自這兩樣粉末。不管室內冷氣開多強，都不用擔心肌膚乾燥不適。

＃秀麗韓 妍 珍珠光絲絨BB乳（SPF50+ PA+++）
＃容量：50ml／建議售價：NT$1,480

＃CLINIQUE倩碧 水磁場自動校色
　CC粉凝霜（SPF30 PA++）
＃容量：10g／建議售價：NT$1,750
　　　　　　　　（粉蕊、粉盒）

goods
#11

啟動水亮美肌模式
薄透保濕遮瑕三效合一

這應該是唯一的一款粉凝霜式CC霜吧！明明是CC霜卻非常精緻，最吸引我的就是倩碧獨家三種修色光學粒子的「智慧渦漩校色科技」，白色是提亮，粉紅色可改善黯沉、疲憊的膚色，粉橘色能改善蠟黃，混在一起使用於肌膚能美化瑕疵。另外它不像粉底液或BB霜用粉體來遮瑕，主要運用肌膚校正科技，所以只有兩款色可選。它的修飾效果其實也可以單獨當粉底液來使用，保濕、防護、潤飾肌膚一次完成。

#底妝/
氣墊粉底

Kill
COVER

goods
#01

孔孝真氣墊粉餅就是它
二十四小時馬拉松持妝

這就是大名鼎鼎的「孔孝真氣墊粉餅」！因為孔孝真在韓劇裡使用過，瞬間造成熱銷旋風，這款氣墊粉餅可是被證實擁有「24小時馬拉松持妝」的效果，跟原本大家對韓國氣墊的印象完全不同。它有高清遮瑕配方，遮瑕力極強但不厚重，還添加了八大保養成分及33%保濕水分，多層疊擦也能維持光透裸肌感，一整天肌膚不黯沉，妝容依舊完美100分，尤其出外景超好用的。

CLIO珂莉奧 光感無瑕
氣墊粉餅SPF50+PA+++
容量：15g／建議售價：NT$850

讓粉體過篩得更細緻
上下層特殊雙網設計

冬天或長時間在空調中工作，還是要選擇添加護膚精油的底妝才安全，以維持肌膚整天的光潤感。這款無瑕氣墊粉餅就是強調光感，所以特別添加奢華護膚精露與光感透膚精油提高保濕力，它的氣墊也很特別，是雙網設計，下層彈性網先在按壓時精準控制粉量，上層絲質網再將粉體過篩得更細緻，加上雙倍遮瑕粉體，所以妝感特別完美無瑕，乾性肌膚或追求光澤感的你絕對會愛上它！

\# L'OREAL PARIS巴黎萊雅
　輕透光感無瑕氣墊粉餅
　SPF 33 PA++
\# 容量：14g／建議售價：NT$780
　（替換蕊心NT$640）

NARUKO選用新竹尖石鄉的白玉蘭，於2010年推出時，是台灣第一個執行社區公平交易計畫的保養系列，研發過程還發現白玉蘭從樹木、根部、葉子到花朵，都有很不錯的保養作用，尤其是「厚朴酚」這個美白成分，主要就是從白玉蘭的樹皮萃取而來。白玉蘭系列最後再加入這款氣墊粉餅，成分中添加了白玉蘭花葉精華、木蘭樹皮萃取，再搭配特製「Air Puff彈力粉撲」及佈有微細氣孔的「Q綿蕊心」，簡單輕拍，就能揮別泛黃肌色。

拍出勻亮、完美撫紋
開啟逆齡美肌APP

\# NARUKO 白玉蘭
　超緊緻彈力氣墊粉餅SPF50★★★
\# 容量：12g／建議售價：NT$880

goods
#04

保濕亮白控油又能抗老
女孩們的國民氣墊粉餅

Miss Hana花娜小姐
　光透無瑕氣墊粉餅
　（SPF50+ ★★★）
容量：15g／
　建議售價：NT$699

它是坊間女孩們心目中的「國民氣墊粉餅」，因為它價格親民、妝效好，保養功能多，代言人還是李毓芬，雖然單價不高但用料認真，光是粉撲就很與眾不同，它用了雙層設計智慧氣墊粉撲，其中一層的材質是彈性乳膠，所以它能控制粉底液的吸取量，輕拍於肌膚的觸感也非常輕柔，讓妝感服貼，粉底成分中兼顧了保濕、抗老及亮白，尤其是抗老的部分用了8胜肽，越用肌膚越緊緻，補妝也很方便，每次補妝都像第一次上妝般自然保濕。

goods
#05

油光轉為美肌光超無瑕
清爽與光澤之間無須妥協

使用氣墊粉餅在下午大脫妝是常有的事，為了呈現光澤感效果，粉底質地大多很滋潤，雖然脫妝可以再補，但要小心越補妝就越厚。這款氣墊粉餅是非常適合亞洲女性的新型態持妝型氣墊，無瑕、裸光、特霧、超持妝特性，讓你清爽與光澤之間再也不用妥協，它不但能有效抑制油光，成分中還添加了60%保濕精華，只要輕拍就能釋放高保濕因子，讓保濕跟控油兩者都能同時達成，對氣墊又愛又怕的人值得一試。

MAYBELLINE媚比琳
　純淨礦物控油特霧氣墊粉餅
容量：14g／建議售價：NT$680

#真愛不騙　#Ming Chuan Lee

goods
#06

讓肌膚越拍越緊緻年輕
「微光系」清透自然氣墊

在大家都流行光澤感底妝的時候，漸漸的，炎熱夏天就要來臨，再多的光澤可能都會變成油光，所以具有空氣感的輕盈無油質地，才能打造完美無瑕的「微光系」清透自然妝感。倩碧的這款氣墊兼具高防曬、防汗、防潮、防水的功能，同時全天候控油、抑制油光，妝效也非常持久，重點是它還用了抗菌海綿氣墊粉撲，能在塗抹後讓肌膚備感沁涼，太適合夏天了啦！超高100%物理性防曬成分也能讓人安心，重複拍疊就能補防曬。

CLINIQUE倩碧 超聚光無瑕BB氣墊粉餅 （SPF50 PA++++）

容量：12g／建議售價：NT$1,300

BIOTHERM碧兒泉 光透奇蹟水CC氣墊粉餅

容量：14g／建議售價：NT$1,400

goods
#07

先水潤後修飾讓肌膚更水透
趕通告的快速上妝好物

這兩年氣墊粉餅市場可說達到了巔峰，妝效也不再只有一種，質地也可以對應各種膚質需求。碧兒泉是活泉保濕水專家，可想而之它的氣墊粉餅一定也能讓肌膚呈現出水感而非油光，這兩種效果可是不一樣！這款CC氣墊以奇蹟活源因子的保濕力為主，妝感為輔，因為先有水潤美肌，妝感自然光透膨潤，而且這種水感能讓肌膚感到冰涼，膚溫下降達到鎮定，夏天用好舒適，冬天用也水潤，遮瑕效果也很不錯，目前是我化妝包中趕通告快速上妝的好物。

讓上妝像是擦了精華液
七大花萃複方精華油

這兩年真的用了好多各式各樣的氣墊粉餅，產品的變化性也越來越大，跟粉底一樣，目前也分成霧面及水亮感兩大派，先不管這款氣墊粉餅是CC或BB，它最特別的地方是添加了能修護肌膚的7大花萃複方精華油，讓上妝像是擦了精華液般，能擁有細緻的肌膚光感，加上CC霜的特性，等於結合CC霜的校正膚色功效與氣墊粉餅的高保濕力，擦上時如粉餅般水嫩，擦上後又像CC般閃耀，成分中還有玻尿酸，喜歡水感肌的派別可入手這款氣墊粉餅。

#THE FACE SHOP
美肌遮瑕CC氣墊粉餅（SPF50+PA+++）
 # 容量：15g／**建議售價：**NT$980

#Dior 超完美持久氣墊粉餅（#010）
 # 容量：15g／**建議售價：**NT$1,850
（蕊心NT$1,400）

霧感、控油、遮毛孔一拍成癮
不同膚況都有專用氣墊

全球霧感妝熱潮持續延燒，所以就連氣墊粉餅也燒起了一股霧感風潮，氣墊粉餅已經不同以往是光澤肌的代表了，走在時尚尖端的Dior當然要搶先跟進。這款持久氣墊粉餅外盒為極簡漆光午夜藍，打造低調奢華的氛圍，就連我拿出來用都沒有違和感，這次還使用了獨家鎖色科技與專利粉體，讓全新氣墊可以完美貼合肌膚並長效持妝，亞洲人最愛的毛孔隱形科技讓膚質更細緻，保養精華還能有效改善肌膚油光縮毛孔，這完全是為我們量身訂製。

底妝／
氣墊粉底

#底妝／
氣墊粉底

YSL 恆久完美氣墊粉餅

容量：14g／建議售價：NT$2,050

goods #10

是亞洲人肌膚最想要的氣墊
整天不泛油光的霧光妝容

這是一款外盒非常華麗的氣墊粉餅，一入手就想立刻試用一秒都不想等待，難怪被全球媒體一致譽為「史上最美的氣墊粉餅」。「無重力」是這款氣墊粉餅想呈現的效果，擁有最輕盈的質地，能完美服貼於肌膚，更受歡迎的是它的高度遮瑕及妝容持久力，屬於肌膚一整天不泛油光的時尚霧光妝容，當時的相關產品仍大多具光感質地。成分中添加了超持久抗汗微粒，能吸收4倍以上皮脂並抵抗汗水，YSL著實為亞洲人肌膚推出了最想要的氣墊粉餅，所以幾乎每個網紅都有一塊。

goods #11

讓粉底液保鮮又保濕
專利金屬片設計

后 拱辰享亮采緊顏金屬
氣墊粉底（SPF50+ PA+++）

容量：15g×2／建議售價：NT$2,480

這款金屬氣墊粉底用的不是海棉，而是最新的專利金屬片設計，比傳統氣墊更能保持粉底液的保鮮，還能隔離空氣，保持粉底液不易乾燥，每次使用時，只要輕壓就能從金屬片的小洞中壓出新鮮的粉底液，擠出的量一次用完。粉底液中含珍貴「黃山蔘」、「純金」等奢華保養成分，黃金離子能促進肌底循環，遮瑕勻亮膚色，美肌舒適科技還有亞洲肌膚最需要的強效防水、抗汗、抗油效果，提供全天候肌膚防護網，金屬片設計也是我喜歡上氣墊粉餅的原因。

傳承亞洲藥理智慧
添加奢華赤松極萃

雖然才剛上市，但已經被身邊非常多女藝人收納進化妝包了，更是貴婦們的最愛，因為這款氣墊粉霜集結所有消費者對於氣墊粉霜的需求進行改良，例如不脫妝、不黏膩、不厚重，還要保有自然光澤不油膩等等，顛覆市面上對氣墊粉霜的使用觀感，重新定義後大受歡迎。成分中還添加了奢華赤松極萃，能修護受損肌膚，上妝同步撫紋，創造彷彿膨彈透亮好命美肌，極光珍珠複合物還能帶給肌膚自然光澤，搭配的光纖智慧粉撲也是重點，極細纖維能讓妝感輕薄，效果完美無瑕。

#Sulwhasoo雪花秀
臻顏逆齡氣墊粉霜
（SPF50+ PA+++）

容量：15g×2／
建議售價NT$2,580

#底妝／遮瑕

PERFECT FIT CONCEALER Za

goods
#01

超服貼自然即刻實現時尚素顏
讓在意的小瑕疵完美消失

以前人手一支遮瑕產品是一定的，而且大家都知道上完底妝之後接著要遮瑕，可是因為效果好的遮瑕品都太厚重，加上有些部位例如眼下必須再改用專用遮瑕品，所以對優秀產品仍然充滿期待。這款遮瑕蜜能針對令人困擾的局部瑕疵部位，例如黑眼圈、斑點、痘疤等同時有效遮蓋隱藏，不論是底妝前先修飾、或底妝後補強都可使用，它其實也已經等同CC霜，有保濕成分及完美修飾效果，不想要濃妝的時候也可以當局部底妝使用。

Za 裸粧心機遮瑕蜜
容量：9g／建議售價：NT$250

筆刷型遮瑕筆便利好攜帶
除了遮瑕還能兼具提亮

用來用去還是這種筆刷型遮瑕筆最好用，而且CHIC CHOC早在2000年就推出了，用到現在還是非常喜歡，它只有一個明亮顏色，基本上比一般自然色粉底還要亮個1～2階，所以它的遮瑕跟一般不同，它主要是用來提亮臉部的黯沉瑕疵，當然也可以用來局部提亮。我最常會使用在眼周及顴骨處，還可以用來修飾唇周及唇峰，眼皮的黯沉及鼻翼、痘疤等部分也沒問題，除了擁有一般遮瑕品的功能，還能兼具提亮，很萬用。

CHIC CHOC 完美遮瑕筆
容量：4.2g／建議售價：NT$550

IPSA 誘光隱色遮瑕組
容量：4.5g／
建議售價：NT$1,200

對付青、紫黑眼圈就靠反差色
用法簡單零失誤的全新產品

IPSA的遮瑕盤很有口碑，因為一盤有三個顏色，還有一個空格是讓你調色用的非常貼心，所以能調出不止三種顏色，CP值算高。誘光隱色遮瑕組是去年推出的新款，因為消費者最需要但又最容易失敗的遮瑕部位就是黑眼圈，所以全新款加入了「紅光粉體」，以「融合」膚色而非「遮蓋」的原理來設計，讓青、黑、褐等暗沉色澤徹底隱形！而且能有效修飾青、紫色黑眼圈的原因，就是靠青、紫的反差色──紅，所以中間偏橘的顏色就是用來對付黑眼圈的。

goods
#04

閃耀電眼魅力
雙眼立現明亮光采

Dior 巨星光采遮瑕膏

容量：6ml／建議售價：NT$1,400

總共有三種色選，是眼周肌膚專用的遮瑕膏，
在粉底液之後使用。它的質地是細緻乳狀，不
同於一般遮瑕膏有時會較乾，它就像保養品一
般能呵護眼周肌膚。使用時以專用亮妍棒輕點
在眼周，例如黯沉或內眼角，再用指尖輕輕點
開並推勻即可，雙眼立刻恢復元氣變得有神。
其實眼周輪廓最容易出現疲勞跡象，所以這款
遮瑕膏大受眼周容易乾又易產生細紋的消費者
喜愛，而且還添加具有拉提功效的保養成分，
能改善眼周疲倦黯沉等狀況。

goods
#05

宛如天生的明采提亮效果
結合獨特兩種光感成分

這款明采筆為什麼那麼紅，因為它除了能柔
化肌膚瑕疵，還能捕捉光源、雕塑輪廓、修
飾陰影，只要這一支就能輕鬆勾勒出臉部立
體感需要的所有步驟。筆狀方便使用，就像
畫畫一樣完全不需要技巧，尾端的按鈕可控
制用量。它有兩種光感成分，透明無色的
「感光增強因子」可提亮，「柔焦修片因
子」能淡化瑕疵，而且質地保濕又親膚，所
以延展性很好、很平滑，乾燥的眼下肌膚也
可以使用，簡單一支用途多多。

YSL 超模聚焦明采筆

容量：2.5ml／建議售價：NT$1,550

BOBBI BROWN
完美遮瑕組

容量：1.4g／
建議售價：NT$1,400

goods #06

還備有蜜粉餅一併完成定妝
「先修飾後遮瑕」才遮得了黑

你是不是常有黑眼圈越遮越怪、越遮越不自然的經驗，相信大家都有，原來修飾與遮瑕應該要分開進行才對，因此BOBBI BROWN提出了「先修飾後遮瑕」步驟，先依黑眼圈的類型選擇粉紅色或蜜桃色修飾霜進行修飾，接著再用與粉底同基調的膚色遮瑕霜來提亮，才能真正解決問題，而這款遮瑕組搭配的是膚色遮瑕霜與蜜粉餅（總共6種顏色），修飾後直接疊壓膚色提亮，再用蜜粉定妝，質地平滑、不卡粉又潤澤，你的惱人黑眼圈終於獲得改善。

goods #07

果然美肌光果然好用
遮瑕力令人滿意

這款連乾性肌膚都能感覺到它的質地柔滑服貼，使用時還會聞到微甜果香，因為成分中添加了水果精油，妝感效果非常好，架上常常缺貨。全新旗艦版更加入了維他命C、E、B5，讓底妝擁有亮白、抗氧及保濕效果，我個人很常使用這款遮瑕膏，除了另外再添加提亮肌膚的珍珠母成分外，由於很保濕，連眼周肌膚都可以使用，也不會一塊一塊的。

BOURJOIS PARIS妙巴黎 果然美肌光遮瑕膏
容量：7.8ml／建議售價：NT$355

#底妝／粉底

宛如第二層肌膚般
打造噴槍效果般薄透

現在大家對底妝的要求都是可以「免修圖」，所以3D修片粉底液添加了全新粉體配方，讓粉底液能均勻延伸並牢牢覆蓋肌膚，薄透、服貼，宛如自身的第二層肌膚一般，讓妝容全天候持久不脫妝。另外成分為無油配方，讓膚觸清爽不黏膩，很適合亞洲氣候，再加上獨家專利—智慧濾光科技，能有效隱形毛孔，均勻膚色，明亮肌膚，打造噴槍效果般薄透，所以可以呈現出如同修片APP般的妝感，輕盈透亮又立體。

REVLON露華濃
　3D修片粉底液（SPF20）

容量：30ml／建議售價：NT$550

goods
#02

真的能改善肌膚的粉底液
三秒鐘打造極致完美肌膚

能讓人感覺到「平衡」的膚色即是後續打亮、立體五官臉型、強調眼神、紅潤膚色，這款粉底可是被暱稱為「未來粉底」啊！因為它是一款越用肌膚越好的保養型粉底，除了使用時能獲得的修飾效果外，只要使用四週就能改善膚色不均問題，因為成分中添加了媲美醫療級淡斑功效的全新淡斑科技成分，你會發現明明粉底液越用越少，但底妝怎麼越來越明亮。

CLINIQUE倩碧
勻淨無瑕粉底液（SPF15 PA++）
容量：30ml／建議售價：NT$1,350

真心不騙

Ming Chuan Lee

210

在小黃上也能快速上妝
乳霜質地轉化成蜜粉

這款產品雖然叫CC棒，但它其實就是粉底用品，所以歸類在粉底區，你們就當它是粉底條即可，但以往這類產品的遮瑕力又會太高，可是CC棒的妝感非常自然。它上底妝時的程序很方便，其實就是在臉上塗一塗推一推即可，塗在臉上有乳霜一般的柔軟質地，不會很乾，然後用指腹或粉撲推開後，乳霜質地又會轉化成蜜粉一般清爽，完全不需要再用蜜粉或粉餅定妝，而且還有毛孔隱形、抗油光、抗黯沉等三大效果，剛推出時，臉書上的朋友都狂分享。

 # Za 美膚模式CC棒

 # 容量：8g／
　　建議售價：NT$320

還可更換兩種上妝工具
無瑕奇肌瞬間提亮

這款美肌棒真的挺好用的，因為一端是棒狀粉底膏，一端是可拆式功能刷頭，可以換成刷毛或氣墊頭2種，連專櫃都沒有這種產品！粉底膏中間的白色小花除了可以提亮肌膚還能修飾毛孔，成分中添加了多種植物萃取，可讓肌膚提升保濕度，乾性肌膚也沒問題！粉底膏的部分有維他命C、E及膠原蛋白，所以是底妝兼保養！刷毛的部分為斜角設計，可以刷勻粉底，再換氣墊頭重點加強修飾斑點、眼尾細紋及黑眼圈等，真的很方便！

 # Miau 瑩亮無瑕美肌棒

 # 容量：13g／建議售價：NT$495

goods #05

上妝同時延續潤澤度
打造親膚的輕透薄紗感

丰靡美姬的彩妝包裝都很吸睛，看一眼就會想擁有，連這款剛推出的粉底液也是菱格紋包裝，另外還搭配了一款蜜粉。這款粉底的潤澤感，就好像在用精華液上妝一樣，因為成分中添加了85%高濃度美容液，能預防肌膚上妝後乾燥粗荒，也因為潤澤感，在肌膚上的延展性很不錯，美容液成分還能呈現出光澤感，其中還添加了「超平板粉體EX」，能填補粗大毛孔及縫隙部位，全臉上妝後，只要用剩下的量補在需遮瑕部位就非常完美了，肌膚彈潤又自然。

KOSE丰靡美姬幻粧 無瑕水精華粉底液（SPF30 PA+++）
容量：30g／建議售價：NT$1,200

goods #06

保養、底妝、工具三合一
五十秒完妝的偷懶界好棒棒

這款產品推出前一個月，就被美妝保養編輯們瘋狂洗版，原因無它，因為它方便到可以單手在電梯完妝，還可以邊騎飛輪邊完妝真的是好棒棒，一分鐘不到就能輕鬆完成，產品名稱也引起一陣幽默的討論，真不愧是很會創造話題的雅詩蘭黛呀！這款好棒棒有四個顏色並具高防曬係數，堪稱偷懶界之神，它讓保養成分、底妝及工具都合一了，服貼、乾淨、明亮、無瑕、撫紋一次到位，每支新品都還會再送一個乾淨超彈氣墊澎澎球，也可以自行拆下清洗。

ESTEE LAUDER雅詩蘭黛
粉持久氣墊好棒棒（SPF 50 PA+++）
容量：14ml／建議售價NT$1,800

#真心不騙

#Ming Chuan Lee

肌膚總是很乾？底妝不夠服貼？需要遮瑕的部位很多？有這類困擾的人選粉霜就對了，因為這類玻璃罐狀粉底通常擁有較高的潤澤度，遮蓋力也比較好，而且這款水凝粉霜因為加了60%高保濕美容液，所以除了潤澤度、修飾度外，使用時還會冰冰涼涼，有著水水的輕盈觸感，加上皮脂吸著粉粒，連油性容易脫妝者也很適合，另外它連挖勺都好精緻，整個感覺很高級。

goods
#07

擁有粉霜潤澤但妝感輕盈
添加60%高保濕美容液

CHIC CHOC 水凝粉霜SPF17 PA+
容量：30g／建議售價：NT$1,100

全球第一款水粉底

All in one 還能全身用

全球第一款水粉底誕生自1993年，來自MAKE UP FOR EVER，這款「雙用水粉霜」水粉底具高保濕、防水防汗、持久透亮無粉感等特性，一直都是彩妝師們人手一罐的底妝必備神器，恆久親膚版本是2016年升級款，除保留原有的優質成分，首次再添加80%純淨維生素原B5滲透水，讓保濕作用更加深層，因為已經過濾掉水分中容易使肌膚乾燥的鹽及鈣，能使肌膚狀態更穩定，另外搭配粉底刷，還能使用在全身肌膚的黯沉部位，讓肌膚完美更到位。

MAKE UP FOR EVER 恆久親膚雙用水粉霜
容量：50ml／建議售價：NT$1,700

goods #09

升空飛向零瑕星球！
對瑕疵說bye-bye

這是全球首款「讓肌膚有氧呼吸」的粉底液，能讓肌膚呼吸的這款防曬粉底液，主要是添加了「活氧保濕複合因子」，能有助活化細胞呼吸，幫助肌膚吸收更多氧氣，刺激細胞代謝與膠原蛋白生成，讓膚質看起來更加健康豐盈飽滿，長效有氧保濕。另外清爽無油配方，讓肌膚上妝時毫無負擔感，也不容易致痘或生成粉刺，打造出亞洲女性最喜歡的「絕對無痕妝感」，針對油性肌毛孔粗大的女性，還可與噴噴稱齊毛孔隱形露以2：1方式混勻後使用，這款的導色效果超好的。

 # benefit 裝完美活氧
防曬粉底液（SPF25 PA+++）

 # 容量：30ml／建議售價：NT$1,490

goods #10

美化天生綺麗肌
搖搖水粉蜜輕輕一抹

其實這種水粉蜜還挺懷舊的，因為早期技術的關係，想要讓粉底更保濕都會用水粉分離的方式，使用前再搖一搖融合，但時尚色繪再推水粉蜜的目的又不同囉！這次的產品特性，主要是想讓肌膚擁有具空氣般輕盈的柔軟觸感，實現薄、透、潤的妝感，雖然具水感，但配方輕盈具高黏性，能服貼肌膚，一開始推在肌膚上時會覺得水潤，但揮發性元素蒸發後，質地又會突然變薄透！還能藉由補光原理修飾毛孔、細紋等粗糙紋理，有柔焦的感覺。

 # SHISEIDO資生堂國際櫃
時尚色繪尚質長效精華粉蜜（SPF20）

 # 容量：30ml／建議售價：NT$1,400

part 2
物超所值
超高CP
NT$**2000-8000**

 # BOBBI BROWN 高保濕
修護精華粉底（SPF40・PA+++）
 # 容量：30ml／建議售價：NT$2,350

goods
#11

擁有西方時尚外型的粉底
卻擁有中國冬蟲夏草的修護力

BOBBI BROWN其實是一個將保養成分也同時運用在彩妝上，並用得相當徹底的品牌，想必是Bobbi Brown本人熱愛著認真保養所帶給肌膚及妝感的能量吧！話說中藥界之神—冬蟲夏草很難跟BOBBI BROWN做聯想，但這款粉底正是因為添加了冬蟲夏草萃取而快速竄紅，這是一款修護型粉底，使用感及延展性更是豐潤，滑過的肌膚立刻膨潤，妝感明亮有活力，還用了荔枝精華來提高保濕度，是一款穿著西方外衣但卻具有中國魂的奢華高效粉底液。

goods
#12

不論是絲緞光或絲絨霧
都代表著歐式底妝再進化

歐式底妝總是有種霧霧不泛油光的美感，如同覆蓋一層絲緞般，laura mercier也推出了各種類型的粉底，但唯獨這款一次就推出兩種質地，一種是絲緞光、一種是絲絨霧，它的用量省，只要一小滴就可以使用於全臉，延展性極佳，主要是成分中添加了高濃度蠶絲蛋白及多種胺基酸組合而成的「水解蠶絲蛋白科技」，它的遮瑕度也是品牌中最高的。乾性肌膚建議使用這款絲緞光，高解析反折光粉體能提高光澤度，油性肌膚就用絲絨霧，天然羽絨絲粉體還可控油。

 # laura mercier 絲緞光粉底液
 # 容量：30ml／建議售價：NT$2,100

讓肌膚每天透出健康光采
深層保濕與細緻滑順

我喜歡EVE LOM大家都知道，因為我其實很少在粉絲團上推薦產品，但之前喚采緊緻粉底霜好用到讓我忍不住分享，所以對這款輕底妝也充滿期待。它是一款能深層保濕與質地細緻滑順的底妝品，絲質觸感中蘊含強效保濕配方，使用後呈現出柔和、如素顏般的好膚質，而且非常服貼，成分中也添加了美白活性因子能幫助均勻膚色。主要的保養成分還有抗氧化力很強的莓果細胞精萃，及能保護肌膚的維他命C、E，越用肌膚越好，是保養型底妝。

EVE LOM 喚采保濕輕底妝（SPF15）
容量：50ml／建議售價：NT$2,850

goods #14

展現無瑕完美嶄新境界
凌駕保養、超越底妝

拋下以往保養與彩妝的清楚界線，海洋拉娜讓保養與彩妝兼顧，同時達到滋潤、修護、遮瑕。這款粉底液添加了全新無瑕絲柔發酵精華，核心成分是來自北大西洋淺層的高效絲絨海藻，讓粉底液使用時感覺到質地輕盈、卻又豐潤，能夠充分發揮柔膚作用，與肌膚很乾的Model合作時，妝前不用再花大把時間幫他們敷臉或加強保養。它除了質地清透服貼，還能全天候不脫妝、防水抗汗，滋潤度與持妝度兼顧的底妝真的很難～而且我發現如果有拍打的方式上妝效果會更好。

LA MER海洋拉娜 潤澤無瑕持妝粉底液（SPF20）
容量：30ml／建議售價：NT$4,000

真正的裸妝其實不好畫
但用它就能輕鬆上手

Armani的底妝品總是強調要如同高級布料一般，這種堅持是讓消費者很想嘗試的原因，當然這款粉底也不例外，而且粉底精華這個命名在2012年就已經區隔了它與其他品牌不同的特性，因為不含水、不含粉體真的是前所未有。這款極緻光漾粉底精華依然擁有輕盈薄透質地，添加了三種天然保養精華，營造出色澤晶瑩透亮的肌膚，很適合春夏的印象，屬於清澈明亮的妝感。它就像是你的另一層肌膚，是粉底更是保養品，其實裸妝不好畫，但用它就上手。

\# GIORGIO ARMA
極緻光漾粉底精華
（SPF30）

\# 容量：30ml／
建議售價：NT$2,60

\# sisley 清盈柔膚粉底液

\# 容量：30ml／建議售價：NT$3,800

特殊的凝光微細粉體
營造輕柔持妝效果

含有修護型的保養成分，所以連敏感脆弱肌膚也可以整天使用，除了有底妝的遮瑕效果，使用後幾乎讓你感覺不到粉體，因為肌膚摸起來跟看起來的感覺都非常光滑，有絲絨般觸感，就如同第二層肌膚，而且肌膚表面會形成一層自然光澤，感覺膚質天生就很好。成分中還使用了特殊的凝光微細粉體，所以滑順又輕柔，夏天用質地清爽非常持妝，冬天用滋潤、活化又保濕。

\# laura mercier 專業零妝感粉底液

\# 容量：30ml／建議售價：NT$2,100

首創底妝革命新技術
將畫作與底妝融合為真

這款粉底的靈感來自透明水彩畫？因為創辦人Laura在思考如何讓粉底像水一樣的流暢透明，又能創造無瑕裸肌感時，突然想到過去做畫時所用的透明水彩顏料，能讓妝容呈現最貼近真實肌膚的色彩。於是Laura選擇讓顏料沉於瓶底，使用前搖一搖，就能啟動水解智慧科技因子，讓粉末、顏料、水解保濕因子瞬間融合，混合出最新鮮乾淨的顏色。革命性親膚科技還能讓粉底6秒融入肌膚，讓妝容隨時都能像剛上妝一般乾淨，我本人化妝包裡的粉底冠軍。

goods #18

成就晶瑩無瑕水潤肌

3 in 1 極藝妝效

發表會時除了請到韓國彩妝師示範，還準備了柳橙、石頭等表面粗糙的物品讓大家試用這款霜及刷的功力，果然真的是一抹無瑕，滑順又潤澤，不難想像使用在肌膚上的妝感，霜、刷雙管齊下效果極佳！膚色為無瑕功能，白色層為水潤功能，兩者都含有PITERA精華，粉紅色為幻光功能，添加「高純度精油」與「薰衣草黃金粉」，能平衡整體底妝亮澤度，難怪使用後的效果可以呈現出「本來皮膚就這麼美」的錯覺感。

goods #19

精緻無瑕的柔霧妝感

十六小時完美、如同絲絨般

總共有6款色選，柔霧妝感主要是「瞬效柔焦粒子」，它能修飾膚質，使妝容完美服貼精緻又自然，另外還添加了「長效持妝複合物」，讓肌膚宛如披上一層親膚薄紗，持妝效果長達16小時之久。建議搭配「超完美持妝拋光海綿」使用，因為這款海綿靈感來自後台專業彩妝師的上妝手法，斜扁平面可以讓粉底服貼，圓弧面則以輕拍方式達到遮瑕，尖端還可以使用於臉部細微凹陷處，讓上妝更加簡單，加上完美粉底液完成無瑕的柔霧底妝，女藝人出外景的好選擇。

DIORSKIN

FOREVER

TEINT HAUTE PERFECTION
TENUE EXTRÊME
SUBLIMATEUR DE PEAU

PERFECT MAKEUP
EVERLASTING WEAR
PORE-REFINING EFFECT

SPF 35 · PA +++ / SHINE CONTROL

Dior

part 1

小資美麗
我最愛

NT$**2000**以下

#底妝／
粉餅蜜粉

goods
#01

超細緻礦物粉體
吸收多餘油脂及汗水

亞洲是較潮濕偏熱的地區，所以底妝總是會油油黏黏的很不舒服，油和黏是底妝的一大敵人，所以亞洲女性在選底妝產品時，都只在意「控油」跟「遮瑕」這兩個重點。這款產品名稱已經很清楚表達它的功能了，這是1028專為亞洲女性設計的超吸油蜜粉餅，它以超細緻礦物粉體來吸收臉部多餘的油脂及汗水，就算在高溫潮濕的季節或地區，也能維持全天清爽不泛油光，這實在是太重要了。另外還有洋甘菊萃取，能修護炎熱帶來的肌膚敏感現象。

 # 1028 超吸油蜜粉餅
 # 容量：4.6g／建議售價：NT$199

#真♥不騙

#Ming Chuan Lee

goods
#02

並採用溫和礦物粉體
添加兩種優秀保濕成分

這款防曬蜜粉摸起來柔柔細細的，感覺就添加了很多保濕成分，其實很多乾性肌膚都害怕使用蜜粉，總是擔心好不容易提高肌膚保濕度了，粉末又會將臉上的保濕奪走，但現在的蜜粉都很重視保養成分。這款蜜粉能讓妝感自然不厚重，輕盈細柔的粉質，能輕拍出細緻肌理的完妝感，主要還添加了兩種保濕成分，一是海洋性膠原蛋白、一是真珠萃取精華，而且粉體採用對肌膚溫和的礦物粉體，不泛油、持妝，還能遮毛孔及小瑕疵。

 # media媚點 防曬蜜粉(透明) SPF18 PA++
 # 容量：20g／建議售價：NT$350

 # neuve惹我 清爽吸油蜜粉
 # 容量：3.5g／建議售價：NT$160

goods
#03

保濕、防曬、吸油兼具
吸油同時還能兼補妝

它真的可以說是「第一款」油性肌專用的吸油型蜜粉，但在它之後好像也沒有類似的產品了，所以一直都是長年熱銷、經典不敗品！這麼經典已經無人不知，為何又會出現在書中呢？因為要讓年輕族群再多認識它，畢竟這是我「年輕時」的愛用品！它的粉末不止能趕跑出油，成分中還添加了「抗菌配方」及「毛孔收斂配方」，粉撲也很用心，選用「特製抗菌材質」，用到見底再回購的人多得很，因為可以省去很多吸油面紙的垃圾，吸油同時補妝。

肌膚就像水蜜桃般膨潤柔嫩
散發春天的香甜好氣色

 # INTEGRATE 零毛孔
光透蜜粉餅（SPF12 PA++）
 # 容量：7g／建議售價：NT$380

Integrate底妝的愛用者非常多，一方面價格親民，一方面遮毛孔效果非常好，學生族群幾乎人手一盤，深深擄獲毛孔粗大的油性肌膚女孩們，粉底精華及粉餅也很熱門。這款蜜粉餅屬於帶有蜜桃粉色的細緻礦物蜜粉餅，妝感粉霧並帶有粉紅光澤，成分中添加了遮毛孔粉末、礦物粉末、柔滑粉末及吸附油脂粉末，長時間也不會黯沉，雙面粧感粉撲也是重點，想要無瑕妝感就用海綿面，想要薄透妝感就用粉撲面，是開架中難得一見的必推商品。

 # M.A.C 無重力飛碟粉餅
 # 容量：15g／建議售價：NT$1,800

粉質輕到如同無重力一般
但毛孔、瑕疵及油脂全擊垮

M.A.C有陣子產品名稱都很淺顯易懂，像是睫毛飛高膏睫毛膏之類，可以馬上知道產品想要帶出的效果，這款粉餅也是，無重力應該就是想要強調粉質很輕，不厚重，可以讓肌膚一整天都很清爽的感覺吧！而飛碟應該是它銀色外盒的設計。這款粉餅的粉質其實很像蜜粉餅，感覺透透的，遮蓋力行嗎？但它運用了鏡光粉體、星星糖粉體、3D立體粉體等3種粉體，可以填毛孔，反射光澤遮掩瑕疵，還能吸附多餘的油脂，所以很多混合性肌膚都愛不釋手。

#02讓你宛如天生美肌
能讓肌膚擁有好氣色的寶盒

這是一款能讓你擁有好氣色的蜜粉餅，而且盒蓋融入了多面車工及水晶花環元素設計，其中一朵小花還點綴有施華洛世奇水晶，你能說吉麗絲朵不懂女人心嗎？連我都喜歡呀！#02是瑩透感水彩冷色調，針對喜歡透明感妝效的你，它主要概念是運用光的三原色（紅、綠、藍）相加形成的白色粉體，加上吉麗絲朵自行開發的特殊「粉紅光矯色粉體」，交織形成RGBP三原色光感粉體，寬幅親膚蜜粉刷只要繞圈就能沾取5種顏色，直刷上粉還能修飾毛孔。

JILL STUART吉麗絲朵
雪紡晶透蜜粉餅（SPF20 PA++）
容量：9g／建議售價：NT$1,600

ALBION 瞬感裸妝粉餅
（02）SPF33 PA+++
容量：10g／建議售價：NT$1,980
（蕊NT$1,580、海棉NT$400）

繼雪膚粉餅的高口碑後
再推如生巧克力質地般粉餅

先說這款粉餅外盒很不ALBION，是少有的深咖啡色圓形外盒，因為這款粉餅想呈現出如同生巧克力或舒芙蕾的質地，清爽又不厚重，而且它就跟氣墊粉餅一樣擁有隔離及粉底的效果，所以保養後就可以直接上妝，是底妝用粉餅，ALBION的雪膚粉餅已經是眾所皆知的好物，所以這款粉餅也讓我在使用上很有信心。裡面添加了一種叫「焦點凝膠」的成分，所以上妝時感覺很不「粉」，非常服貼，尤其針對肌膚凹凸的部分特別能修飾，顏色也非常乾淨自然。

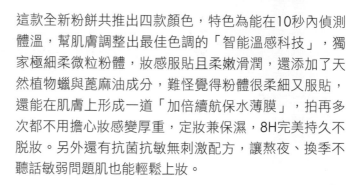

肌膚在任何光線下都耀眼
稱霸底妝又一力作！

這款粉餅主要是想創造出完美的第二層肌膚，而且還要能夠輕易上手，而「鑽石」的用意就是要讓肌膚能在「任何光線下，全日持久明亮」。最近很強調植物油保養的植村秀，當然也在這款粉餅中添加了夏威夷堅果油，加上鑽光分子及微米粉質，同時擁有自然光澤與高遮瑕功效，而另一個重點工具，就是特別設計的鑽石拋光海綿，一面是拋光緞布，一面是加厚50%的緊實彈力材質海綿，雙面完成「勻妝及拋亮」兩種程序，讓完妝輕鬆快速。

植村秀 鑽石光粉餅（SPF30 PA+++）
容量：12g／
建議售價：NT$1,800

KRYOLAN歌劇魅影
超水嫩裸透粉餅
容量：10g／
建議售價：NT$1,600

goods
#09

定妝、補妝、抗敏聖品
瞬間打造裸透感保水美肌

這款全新粉餅共推出四款顏色，特色為能在10秒內偵測體溫，幫肌膚調整出最佳色調的「智能溫感科技」，獨家極細柔微粒粉體，妝感服貼且柔嫩滑潤，還添加了天然植物蠟與蓖麻油成分，難怪覺得粉體很柔細又服貼，還能在肌膚上形成一道「加倍續航保水薄膜」，拍再多次都不用擔心妝感變厚重，定妝兼保濕，8H完美持久不脫妝。另外還有抗菌抗敏無刺激配方，讓熬夜、換季不聽話敏弱問題肌也能輕鬆上妝。

goods #10

連一般肌膚都愛用
保養粉末給你平滑美肌

\# SHISEIDO資生堂東京櫃
敏感話題敏弱蜜粉餅

\# 容量：10g／建議售價：NT$1,100

其實在這之前，敏弱肌總是被皮膚科醫師交代不可以化妝，但敏弱肌也有美美的權利，資生堂敏感話題系列讓敏弱肌跟痘痘肌也可以跟大家一樣保養、一樣上底妝，因為敏感話題以最單純的方式製作保養品，弱酸性，而且不添加礦物油、酒精及防腐劑等等。這款蜜粉餅就連一般肌膚也愛用，因為妝感自然透明，成分中添加了柔滑膚觸的保養粉末，除了改善乾荒、痘痘問題，還能緊密服貼膚況不佳的肌膚，不浮粉結塊，打造柔潤滑順的平滑美肌，這是我用過最適合敏弱肌用的粉餅。

\# KANEBO佳麗寶
COFFRET D'OR絲潤美肌粉餅
（UV SPF 22 PA++）

\# 容量：9g／建議售價：NT$1,440

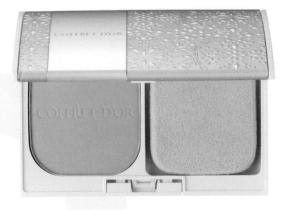

goods #11

榮獲@COSME粉餅類第一名
長時間不乾燥、不脫妝

這款粉餅可是榮穫@COSME粉餅類第一名的粉餅喔！它的「W持妝成分」能產生撥水效果，不受汗水、皮脂影響，所以就算流汗出油，妝感依舊保持乾淨完美，這對亞洲肌膚來說已經是第一重要的需求了，另外「絹絲粉粒子」具有遮瑕力卻不厚重，能創造滑嫩絲潤肌質，「水溶性膠原蛋白」還能讓外油內乾膚質長時間不乾燥、不脫妝，還能讓妝感服貼。

日系品牌最厲害的就是可以把粉餅弄得很細緻，因為我個人是很怕上妝會有厚粉的視覺感，因為只要一厚粉，整個妝容就會看起來很老，而且就會感覺皮膚不能吸呼，RMK特殊的「濕式碎粉處理」是利用雪結晶粉體和有皮脂吸附效果的微米串珠粉體結合在一起，刷上去真的會讓人感動，因為真的好細好細，而且特別精算過的四種不同質感蜜粉餅，又能調理膚色，真的不只是完妝用的粉餅，我覺得是一款能讓底妝加分的秘密武器。

 # RMK 柔光蜜彩餅
 # 容量：8.5g／
建議售價：NT$1,600

 # laura mercier 柔光透明蜜粉
 # 容量：29g／建議售價：NT$1,600

這款蜜粉是Laura Mercier除了喚顏凝露外的明星商品，被使用者形容為如同「Cashmere」般的粉末，光是這樣就能感受到它的柔細了吧！它是一款極細緻、極輕盈、極薄透、如同絲綢般的蜜粉，獨有的反折光成分所創造出的「柔焦」光感，刷一刷就能讓細紋與瑕疵瞬間隱形，另外還添加了維生素C和E，能夠保濕控油兼持妝，而透明蜜粉的特色就是能提高肌膚亮度，又不會影響原先的彩妝色彩，而且膚色較深的人也不會因蜜粉而感到黯沉，是一款最百搭的蜜粉。

連蜜粉都能做到最高防曬系數就只有ETVOS了，而且比起防曬乳，防曬粉可隨時補妝隨時補防曬，難怪被日本美容網站票選最佳防曬品。使用天然純礦及全新抗老及美容成分製成的礦物防曬粉，能有效抵禦強力紫外線同時兼顧肌膚保濕！不挑膚質不刺激，使用後輕盈舒爽無負擔，礦物粉更不阻塞毛孔造成粉刺問題，不添加矽靈、石油系合成界面活性劑、滑石及紫外線吸收劑等，日本對礦物彩妝的把關非常嚴格，而且不管補擦幾次都不需要用卸妝品。

 # ETVOS 舞伶礦物防曬粉
SPF50 PA++++（附專用粉撲）
 # 容量：5g／建議售價：NT$1,380

goods #14

深受日本美容網站評比親睞
帶妝也可隨時補擦防曬

goods #15

似有若無凸顯淨透美肌
由內而外的通透光澤

被形容為「如粉雪般纖細」的人氣定妝蜜粉，讓乾性肌膚也能輕鬆使用，因為成分中添加了印加果油、茶籽油、摩洛哥堅果油、月見草油、玫瑰果籽油等八種天然純植物油，這種高保濕植物油配方能達成完美服貼妝感，內附的蜜粉撲也非常好用，纖長柔軟材質很溫和，效果就像使用了專業刷具一般。而且很多人為了想保留保養及底妝所打造出來的光澤感，不使用蜜粉及粉餅，但這款蜜粉絲毫不會影響底妝原本的水潤光澤，這也是受歡迎的原因。

 # THREE 凝光蜜粉
 # 容量：17g／
建議售價：NT$1,800

#底妝／
粉餅蜜粉

goods
#16

是時尚底妝迷的最愛
三十年的經典幻彩光影魔術

30年前嬌蘭推出了這款結合6色小球的蜜粉後，就成為了嬌蘭的經典商品，這6色小球每個顏色都具有不同的光影修飾功能，除了每年都會推出限定外盒外，2015年的耶誕節還推出了星星形狀的限定款蜜粉球。它雖然叫蜜粉球，但它除了定妝外，還有修飾及提亮效果，很多不太會操作提亮彩妝的人，都能放心使用蜜粉球，因為它的提亮是低調又優雅的，因此很受歡迎。身邊很多朋友也都有收集它的習慣，因為金屬雕花外盒一字排開就一個字：美。

 # GUERLAIN嬌蘭 新一代幻彩流星蜜粉球
 # 容量：25g／建議售價：NT$2,280

clé de peau beauté
肌膚之鑰 光輝幻妍餅

容量：10g／建議售價：NT$2,850

goods #17

堪稱頂級底妝巔峰之作
映入眼簾的鑽石切割面

這款幻妍餅一推出就成為了大家的心頭好，先不要說它有多好用，它的美就已經震懾了不少人，也有很多人是因為想收藏這款幻妍餅，而開始成為肌膚之鑰彩妝的鐵粉。#16號是溫柔裸杏色，人人能上手，於彩妝最後步驟塗抹，就如同幫肌膚做最後的打光一般，但它其實就是蜜粉、修容、打亮多功能產品，效果優雅、柔和又充滿光芒。搭配的刷具有份量感、質感也非常好，為了柔和妝感，尖端刷毛得一根根仔細加工，上妝同時，還要感受其奢華觸感。

part 1
小資美麗
我最愛
NT$2000以下

goods
#01

顯色力、持久度UP

汗、淚、油都不怕

MSH真的是眼線液筆專家，之前到日本的藥妝店補貨時，隨便挑都會不小心挑到MSH的產品，除了系列多樣連包裝都很吸引人。它的眼線液有冰淇淋系列、隨心所慾系列、Eyemix 3D系列及夢幻女王系列等，這一款是隨心所慾的升級版，顯色力大幅提升，持久度UP，汗水、眼淚、油脂及脫妝都不怕，而且溫水就可以輕鬆卸除，還添加了美容液成分，讓眼部肌膚上妝兼保養。

#MSH隨心所慾
防水極細眼線液（升級版）
容量：0.55ml／建議售價：NT$599

創造魅惑與純真的迷人眼神
眼影與眼線液一筆雙效

第一支眼線液筆加上珠光眼影的2in1產品出現在開架品牌了！因為對日系彩妝來說，畫出楚楚可憐放大美瞳的臥蠶妝真的很重要，它有兩個顏色，黑色眼線加裸膚眼影，咖啡色眼線則搭配粉櫻色眼影。眼線液採用平頭刷毛設計，可隨刷毛角度調整粗細，好握不手抖，筆尖細緻，也很容易描繪內眼線，然後具透明感的珍珠眼影可以打亮眼窩與臥蠶，具有擴大眼睛範圍的晶瞳效果，只要靠它就可以釋放成熟又可愛的迷人眼神。

#Integrate 美瞳2in1眼影眼線液筆
容量：0.4ml＋0.5g／建議售價：NT$300

#CLIO魅黑防水濃烈眼線液筆
容量：0.55ml／建議售價：NT$350

一筆即可超顯色
超有感濃烈碳黑成分

想要擁有如同孔孝真一般的眼神嗎？之前的魅黑防水眼線液筆就已經很好用了，現在還全新升級推出「濃烈」跟「柔順」兩款，分別擁有黑及棕色。濃烈眼線液筆全新添加更濃的碳黑成分，一筆即可完成超顯色眼線，升級薄膜配方更滑順、快乾，防水及抗油力也大提升。另外眼線液筆最怕漏水，這款新品採用全新碳水儲存匣設計，讓出水量穩定，加上彈性海綿刷頭，適合畫出各種形狀眼線，初學者也能快速上手。

還能二十四小時不脫妝
膠狀質地軟硬適中

這款眼線膠筆的筆蕊柔軟到就算內眼線都可以輕鬆畫完，而且被畫的人完全不會感覺刺激，光是畫完內眼線，整個眼睛就顯得精神許多，難怪是開架狂銷眼線筆！它總共有四種顏色，筆型好握好畫，會在紙上畫線的人都會操作，筆蕊雖然柔軟，但一畫上後能防淚水、防油，但又非常好卸除不易殘留。建議選星光棕或亮瞳棕，眼神柔和是目前的眼線趨勢。

Miss Hana花娜小姐 不暈染防水眼線膠筆
容量：1.3g／建議售價：NT$199

LB 超極限持久抗暈眼線膠筆
容量：0.12g／建議售價：NT$365

被喻為革命級眼線產品
藤井LENA指定彩妝

這品牌會讓台灣女孩為之風靡，是因為它是日本超模藤井LENA指定彩妝！誰都想要擁有藤井LENA的臉蛋，所以首先要先跟她用一樣的彩妝品！這款眼線筆被形容為革命級產品，在日本大大熱銷，號稱最飽和、最顯色、最不暈又最滑順，總共推出四款顏色，筆蕊採用日本工藝製法，筆身又是鏡面烤漆，建議可選法式酒紅，不要說我沒跟妳說，這可是日本戀愛命定色喔！

goods #06

0.01mm筆尖來去自如
韓風隱形眼線得靠它

職人級抗手震0.01mm筆尖彈性韌度兼具，推薦入手黑色，因為它的黑濃到會發出光澤，比一般霧面眼線液更具立體感，雙眼更深邃。現在非常流行似有若無的隱形眼線畫法，韓風彩妝更強調以「填補睫毛細縫」的方式來加強眼部輪廓，看不到線條已經是趨勢，所以0.01mm筆尖就更加搶手了，而且這0.01mm筆尖因為極細，更容易畫在睫毛間隙還不易產生刺激感，讓人好想試試看這樣的全新眼線風格！

#MAYBELLINE媚比琳 超激細抗暈眼線液（抗手震版）
容量：0.5g／建議售價：NT$350

#Za 一畫濃烈眼線膠筆
容量：0.13g／建議售價：NT$250

goods #07

92%女性用過都說讚
全天候防暈染效果

要筆蕊柔軟好畫，又要不暈染，真的是有點困難，以往這類產品都會讓你一下子變成熊貓眼，但這款開架眼線膠筆添加了「超貼合凝膠配方」，有92%的女性證實它的確能達到「全天候不暈染」的效果，防水、抗汗、耐皮脂，夏天使用也不用擔心，柔軟筆蕊也能隨心所欲畫出喜歡的眼線，而且它的黑是那種富有光澤的濃黑色彩，所以眼神會比霧面眼線更有立體感，也難怪它會取名「一畫濃烈」，果然名符其實。

濃黑顯色再進階
絲綢般滑順上手

一開始被花漾美姬吸引的原因主要是漫畫插圖，因為像凡爾賽玫瑰風格的誇張插圖就很吸睛，再加上公主總是淚流滿面的表情，一眼就能感覺到產品的防水力一定超厲害！畫完眼線後，不管電影裡有多少顆洋蔥都不用擔心！這款眼線液筆能抗汗、淚、皮脂，而且用溫水就能輕鬆卸除，最喜歡這種商品，使用感滑順好上手，而且一筆就非常濃黑，0.1mm彈力筆尖粗細好調整，連睫毛根部的細縫也能輕鬆填補，眼神自然深邃。

KISS ME奇士美 花漾美姬零阻力絲滑濃黑眼線液筆
容量：0.4ml／建議售價：NT$350

能輕鬆描繪韓系隱形眼線
極細又輕柔的軟芯刷毛

這款眼線液筆是Laura經典彩妝眼線再進化！刷毛極細又極具彈性，輕柔軟芯刷毛不易分岔及拉扯肌膚，能描繪出精準流暢線條，初學者也能輕鬆上手。高密度飽滿濃黑色澤，持續長時間不暈染、極致防水不掉色，也因為刷頭非常細，就連難以深入的睫毛根隙也能輕鬆描繪，畫出韓國明星最擅長的隱形眼線。另外，如果要讓眼線液筆壽命更長，建議於塗抹眼影前使用，如果在上完眼影後補妝後，可稍微擦掉眼影殘粉。

laura mercier 24小時不暈染眼線液筆
容量：0.5ml／建議售價：NT$1,150

goods #10

宛如工匠細膩之手輕拂雙眸
在受寵愛中完成精緻眼線

這款眼線液筆猛一看，會以為是設計師原子筆或原創藝術家品牌之類的！其實它的確來自工匠級精緻工藝技術，全世界首創八角形瓶身設計，以人體工學為基礎出發，好握、穩穩地描繪不同粗細線條，連眼妝初學者都OK！再來是筆尖刷毛，眼線筆毛量是一般眼線筆的1.4倍，嚴選四種不同硬度的毛質，讓刷毛間隙更緊密，不易開花可一筆勾勒，成分中還添加了負離子美容液，能保護眼睛，最棒的是，它用溫水就可以卸除。

\# MOTELINER 眼線液

\# 容量：0.55 ml／建議售價：NT$660

goods #11

只要五支即可完成眼妝及打亮
乳霜質地是眼線也是眼影

SKINFOOD的彩妝其實又便宜又好用，就連大師我也愛，而且因為單價低，可以不用考慮每個顏色都帶回家！這款眼線膠筆有5個顏色，乳霜柔軟質地非常滑順好畫，也因為質地柔滑，黑色以外的4個顏色也常被我用來當眼影使用，而且不需要工具，直接用指腹就可以推勻，推開同時、眼線膠裡的細緻亮片會顯現出來。現在很流行的臥蠶妝也可以用#5莓果色來畫，還可以畫在顴骨及鼻樑創造光澤，只帶這5支就可以完成眼影、眼線、臥蠶及打亮。

\# SKINFOOD
礦物閃亮防水眼線膠筆

\# 容量：0.5g／
建議售價：NT$450

十色兩種質地快乾又持久
它是眼線彩更是多變眼影

這款眼線彩一推出,就大受彩妝師們的歡迎,因為它又是眼線又是眼影,總共10種顏色變化多,顯色度也非常高,連黑人都可以呈現出非常明顯的彩色眼妝。它屬於獨特的輕盈膠狀滑順質地,只要搭配#38女王眼線刷就能勾勒出俐落眼神,再使用#7女王眼影刷就能堆疊出色塊、輪廓、煙薰等眼妝,快乾持久,24小時不暈染掉屑,其中有霧感及金屬光澤兩種質地,顏色也可以自由搭配。我最常用的就是流沙金、晴空藍、魔幻綠、梨花棕這幾種顏色。

NARS 女王眼線彩

容量:2.5g/建議售價:NT$900

MAKE UP FOR EVER AQUA XL超持久眼線筆
容量:50ml/建議售價:NT$1,700

Charli XCX都愛的眼線筆
揮汗流淚下水都不怕

這款AQUA超持久眼線筆,可是連水上芭蕾舞者都指定使用的眼線筆喔!剛推出的時候非常令人驚豔,除了顏色非常多又時尚外,筆芯非常柔軟卻能做到超強防水力,在當時是非常難得的新品,因為筆芯柔軟與防水很難兩全。去年這款眼線筆還升級為AQUA XL,XL級可以更持久、更顯色、更滑順,不論是上班上課或跑趴、跑馬拉松、看有洋蔥的電影都不用再擔心,這款眼線筆都不脫妝。

#彩妝／
眼影

goods
#01

一眼難忘的魅力電眼
極滑順、超顯色、最持久

只要到門市，就會看到很多女孩圍在這
款眼彩盤前狂試色，因為它每一款組合
顏色都太美了，而且外盒的寶藍色及金
色也好時尚，這款眼影盤總共有六款。
它的粉質非常細膩，使用的是礦物粉
質，效果非常服貼又不易飛粉，還可以
乾濕兩用，創造出珠光和霧面兩種眼妝
質感，持久不易脫妝，從早上用到晚都
還是一樣顯色，因為粉質很細，所以疊
擦立刻變妝。晚上如果要參加派對，也
可以濕擦增加顯色度及持久度，非常推
薦給初學者。

PONY EFFECT 韓妞4色訂製眼彩盤
容量：6g／建議售價：NT$1,200

237

讓你的眼妝閃閃發光
漸層眼影加水感打亮

INTEGRATE一直都是外盒可愛、實用、平價的女孩首選眼影，而這款眼影盒的主題為SMOKY TRICK，所以外盒突破以往，以可愛的大紅色為主，三度漸層指的是左邊三色漸層眼影，加上右邊兩色獨特打亮質地（濕潤打亮及搭配閃耀打亮），平常上班就用基本的三色漸層，如果下班後有活動，就再補上打亮質地即可閃亮起來！從2016年秋天推出到現在，已經有很多美妝保養編輯用到見底了，可見它是妝感及實用度都極高的眼影盒。

#INTEGRATE 三度漸層光綻眼影盒
（PK704心情粉紅）

容量：3.3g／建議售價：NT$390

#REVLON露華濃
紐約大道目光十色時尚眼影盤

容量：14.2g／建議售價：NT$520

滿足貪心的多變需求
十色大熱色號組合

這款擁有十種眼影顏色的眼影盤最受歡迎，可以隨著季節及服裝穿搭，打造出不同的妝感變化，滿足貪心的多變需求。十色大熱色號組合，可以上下、左右或交插自行搭配，盒內還附有眼影刷筆，讓你輕易畫出完美眼妝。另外成分中添加了持久不脫色配方，加上細膩粉末，服貼不飛粉，顯色效果也很不錯，深色還可以直接當成眼線使用，再加上長捲翹五效激飛睫毛膏增加深邃度，就完成眼妝了。

KANEBO佳麗寶
Lunasol晶巧光燦眼盒

容量：4g／建議售價：NT$1,800

goods
#04

以日本優雅砂景為發想
千變萬化的光影與質感

Lunasol的眼影盒擁有非常多收藏者，每一年推出的顏色不管變化如何多樣，都能照慣例呈現出Lunasol的優雅風格，主要是它的珠光感非常細膩，砂景系列還有著日本寧靜的風雅，擁有與肌膚自然融合的色彩與質感，四個顏色只要按照順序使用或交錯搭配都很容易上手。Lunasol眼影粉能這麼柔軟的原因主要是植物保濕成分的添加，以向日葵油、胡蘿蔔油搭配絹絲粉粒子，讓眼影粉更服貼、顯色又持久不易脫妝，而且偷偷跟大家說，這盤可是很多美容編輯跟化妝師私底下「瘋狂」收集的日本國寶級眼影。

不脫妝、持久易上色

長效維持魅惑眼妝

其實不知道為什麼，很多女性上底妝時都會忽略眼皮，可能是覺得反正還要上眼影吧！但是整個妝感會覺得眼部特別黯沉，也因為眼皮不夠潤澤，眼妝不容易服貼，也很容易掉妝，這時就來用用看PONY EFFECT明星商品吧！這款超抗暈眼部底膏可幫眼皮部位打底，還能做到控油，添加了植物保濕配方，能提高眼影的顯色度及服貼度，不管是霜狀或粉質眼影都能有效顯色。上妝時，以刷頭輕輕塗抹在眼皮，再以指腹抹開，等底膏乾了再上眼妝。

＃PONY EFFECT 超抗暈眼部底膏

＃ 容量：6ml／建議售價：NT$590

法式優雅清新眼彩

如同糖粉般細膩服貼

這款眼影盒推出至今已經有好幾款了，也一直都很受到女孩們的歡迎，除了馬口鐵盒上的手繪設計很吸睛外，也會依不同的主題來搭配眼影顏色，這款眼影盒主題為瑪卡龍，所以可想而之顏色都會以微甜可人、並帶有法式優雅的清新眼彩為主，它的光澤度比較低調，感覺很像糖粉一樣細膩，質地柔滑顯色又很服貼，另外盒蓋內還有小圓鏡，也附有雙頭刷具很貼心！六色眼影可以互相搭配出不同眼妝，按照順序或交錯使用都可以，隨性又可愛。

＃1028 瑪卡龍眼妝盒

＃ 容量：6g／建議售價：NT$499

goods
#07

還可當眼影、打亮修容
多功能補妝小物

sisley 炫采修妍粉

容量：1.4g／
建議售價：NT$1,500

總共推出四種顏色，所以可依顏色
變化出不同使用功能，呈現出的
好氣色會令人眼睛一亮！它雖然叫
修妍粉，但四種顏色都可以當成眼
影使用，親膚的高科技加上保養
成分，讓修妍粉容易塗抹、色彩飽
和、容易上色還非常顯色，除了眼
影，還可以用於臉部修容，鎖骨打
亮，修飾飽滿的唇峯，還有一個性
感絕招，就是幫胸前打亮、製造深
邃乳溝效果，一定要試試！

Elizabeth Arden
伊麗莎白•雅頓
玩色百變眼彩盤

容量：2.5g／
建議售價：NT$800
（眼彩蕊盤NT$200）

goods
#08

打造百變紐約時尚零時差
可自由搭配不同款三色眼影

這款全新眼彩盤實在太能滿足我了！因為它可以自行選擇兩種三
色眼影組合於一盤，三色眼影總共有六種色系，可以選冷色與暖
色各一組隨時改變妝容，每組眼影皆含打底色、加強色與重點
色，而這些眼影顏色之間也可以交互搭配使用，所以眼妝的變化
絕對比想像中還要更多。粉質又細又服貼還相當顯色，主要是添
加了「四重微球粉體」與「幻色礦物因子」，能讓色澤加倍飽
滿，而且不管是霧面、金屬或珠光質地都可以乾濕兩用。

他牌彩妝師私下也愛上
只要一靠櫃就想全都試一遍

如果你發現連品牌彩妝師私下都有持續使用，在沒業績壓力的情況下還會真心推薦給你，那就是真正好用的產品！我說的就是這款夢露煙燻眼彩筆，目前櫃上有18個顏色，不管多大牌的彩妝師一靠櫃都會忍不住全部試用一遍，因為它的顏色變化性多，霜狀好推勻，主要是添加天然蜂蠟，天然礦物色料也非常顯色，當眼線時可搭配煙燻眼線刷，當眼影使用的話只要用指腹推開即可，還可以搭配霓采煙燻眼線盤一起使用，個人大推月夜、蜜糖及紅銅色。

\# laura mercier 夢露煙燻眼彩筆

\# 容量：1.64g／建議售價：NT$1,100

按照位置使用誰都能上手
眼影盒中的配置為眼睛形狀

\# SOFINA AUBE星鑽美形
一刷綻彩眼影盤

\# 容量：4.5g／
建議售價：NT$1,050

日本人的心思真的比較細膩，因為眼影盤這種彩妝品看似很多顏色很划算，可是會使用的人真的很少，尤其是順序，最後都會選擇使用單色眼影或雙色眼影盤，SOFINA眼影早就發現這個問題，所以將眼影盤中的配置設計成眼睛的形狀，只要按照眼睛位置上色，誰都能簡單上手！而且這系列的眼影除了粉質細膩服貼外，最上面還有打底專用眼影膏，可解決易脫妝問題，並加強持妝度，還能調整眼皮的黯沉，BH562這類粉紅加咖啡是最熱門的色系。

#彩妝／眼影

part 2
物超所值
超高CP
NT$**2000-8000**

BY TERRY
設計師訂製十色眼影盤
（No.1 Smoky Nude）
容量：1.4g×10／
建議售價：NT$2,900

goods #11

置身Terry de Gunzburg美學
集流行及繽紛色彩於一身

對一個經常要面對畫出各種風格彩妝的我來說，非常需要這樣的眼影盤，而且這款眼影盤可以乾濕兩用，所以不需要另外準備眼線筆也OK，每一顆眼影上還有BY TERRY 經典鑽石壓紋，而且外盒開關時還有微微的喀嚓聲，是存在感很強的眼影盤（笑）！這款眼影盤有兩組色選，因為季節的關係，特別推薦顏色非常純淨的Smoky Nude，煙燻裸色可以創造出各種眼妝，內斂或戲劇化都沒問題，成分中的二氧化矽微粉與植物成分，更是讓眼影細膩又服貼，連另一組也想入手。

goods #12

以濃厚油劑為基底
線條細膩持久不脫妝

SUQQU的眼影因為以濃厚的油劑為基底，所以質感柔滑，粉質細膩，珠光也非常均勻優雅，能完美服貼肌膚，疊擦更不會顯得厚重，也因為影眼粉質已經具有濕潤、柔滑的質感，所以就算不沾濕，也能畫出非常細膩俐落的眼線，而且整天持久不脫妝。這款大阪梅田以微紅粉紅色為主要色調、再搭配可可棕色一起疊擦，呈現深邃質感中帶有明亮色彩的眼眸，是一款能完美詮釋女性韻味的眼影。彩盤由內到外加入磚瓦設計，延伸限定商品的獨特質感。

SUQQU 晶采絕色眼采盤
容量：4.2g／建議售價：NT$2,600

part 1
小資美麗
我最愛
NT$**2000**以下

#彩妝／
睫毛膏

goods
#01

連超模Gigi Hadid也愛
真假睫毛傻傻分不清

一開始絕對是被它的標題形象圖所吸引，它主張能刷出「以假亂真」的假睫毛效果，被假睫毛制約的人可以看過來！它的U-CUP提托刷頭長得非常奇特，放大看很像紫紅色狼牙棒，特殊U型凹槽能一次沾取塗刷睫毛的足夠分量，凸起處的刷毛就像刷子能沾染到睫毛根部，U型提托還能將睫毛從根部全面提托起來，算是有充分考慮人體（睫毛）工學般的設計。濃黑防水塑型膏體的「塑型」能讓睫毛一整天維持提托捲翹狀態，連超模Gigi Hadid都愛。

＃MAYBELLINE媚比琳
挺濃翹U型防水睫毛膏

＃容量：7.9ml／建議售價：NT$420

goods
#02

女孩們最熱愛的經典濃睫始祖
滑順流暢刷出濃黑美睫

這款睫毛膏是我當年入行第一支使用的睫毛膏，所以意義非凡，經過這麼多年還是一樣歷久而彌新，絕對是經典中的經典，更是所有強調濃睫效果的始祖！除了綠色、粉紅色的外包裝非常美式之外，現在的紐約甜心限定版更加上Heart圖案，並把刷頭設計成粉紅色，水滴型刷頭可以一次滿足超濃睫效果，尖端的部分也能將下睫毛刷得很濃密，讓女孩們的睫毛都變得像洋娃娃一樣。

#MAYBELLINE媚比琳 極致濃黑睫毛膏
（紐約甜心限定版）
容量：12.7ml／建議售價：NT$280

goods
#03

沒有事先夾翹睫毛
也能輕鬆實現捲翹效果

睫毛膏附著量高達170％，但是不用擔心暈染跟結塊，這170％睫毛液全都附著在全新濃密升級大刷頭上，所以只要沾一次，就能刷出想要的濃睫大眼效果。這款睫毛膏除了大刷頭，睫毛液中還添加了「超柔軟配方」，所以睫毛又濃又柔軟，不會硬邦邦，因此不會加重睫毛重量，另外還有「濃密塑型臘」與「持續捲翹聚合物」，所以就算沒有事先夾翹睫毛，也能輕鬆實現捲翹效果！我一樣大推。

#Za 新魔睫─絕對濃密睫毛膏
容量：9g／建議售價：NT$320

防水捲翹固定又濃烈
經典梳型刷要心機

當初喜歡戀愛魔鏡睫毛膏的原因，主要是因為「經典梳型刷」，把睫毛當作梳頭髮一樣使用，沒有技巧、薄薄的梳子還不怕到處沾染，再加上激長纖維，所以使用效果非常好，梳子有兩面，用寬面刷一刷，再用窄面加強瞳孔中間，也就是睫毛中段加粗，就連下睫毛的部分也很好刷。戀愛魔鏡的睫毛膏推出至今已經有好幾代了，每年都在加強睫毛修護成分，這款就加入了高效修護成分、維他命E衍生物與胡桃油，能呵護脆弱睫毛。

MAJOLICA MAJORCA戀愛魔鏡
超現實激長睫毛膏防水型（BK999）

容量：6g／建議售價：NT$340

一刷即可釋放甜美大眼
根根瞬翹、自然捲Q

想要維持睫毛整天濃密捲翹不暈染，又要能快速簡單卸除的人就選它！能夠全日捲翹的原因為成分中所添加的「瞬間鎖定成分持久定型Polymer配方」，先使用睫毛夾將睫毛夾翹，再使用刷頭內側捲曲處，於睫毛根部Z字型來回輕輕刷動，再直直向上塗刷至睫毛尾端，定型配方就會幫你將睫毛給抓住。只是卸除時就要出動Super Q配方，這個配方一碰到一般清潔用品就會跟著卸除，不需要另外卸妝，另外還有纖長款。

KISS ME奇士美 花漾美姬瞬翹自然捲濃密防水睫毛膏
容量：6g／建議售價：NT$399

熱銷四十二萬瓶再推升級版
歡迎體驗金色養睫奇蹟

之前使用效果大受好評的賦活新生睫毛生長液，相信沒有人不認識它，台日熱銷42萬瓶，還被形容為藍色養睫奇蹟，但就連這麼棒的產品都要退休了，因為更厲害的金緻升級版已經在2017年3月登場！除了延續之前超好用的刷頭，成分還添加了能解決睫毛四大困擾的滋養油，睫毛最需要的就是濃密、纖長、強韌及亮澤，而且早晚都能使用，尤其是種睫毛及習慣戴假睫毛的人更需要保養，以後就要稱之為金色養睫奇蹟。

L'OREAL PARIS巴黎萊雅 賦活新生睫毛精華液（金緻升級版）
容量：7.5ml／建議售價：NT$395

這款睫毛膏實在是太有趣了，從推出的那一刻起，就立刻成為我化妝箱中的新玩具！它真的像玩具一樣，因為它是一款擁有獨家三段式旋轉刷頭設計的睫毛膏，只要扭轉瓶蓋尾端的位置，就能針對亞洲女性眼部輪廓上妝，刷頭會旋轉出三種不同弧度，旋轉1刷根部，旋轉2刷捲翹，旋轉3刷細部，再也不用自己折彎睫毛膏刷頭了。而且它能有效全面抗汗、抗油，而且用溫水就可以卸除，成分中還添加了蠶絲蛋白保養成分，提供睫毛保養修護功能。

全球獨家三段式旋轉刷頭設計
360度魅惑你的捲翹美睫

too cool for school
恐龍360°睫毛膏
容量：10g／建議售價：NT$1,080

十四天就能感覺到效果
連我都需要的必備保養

AVANCE亞邦絲
長長速效睫毛精華
容量：7ml／
建議售價：NT$599

不只是女生，連我都很注重睫毛的健康，畢竟濃密的睫毛量會讓眼神更銳利，更何況我又不能刷睫毛膏（笑），所以我很需要保養睫毛的產品，不管是滋養、修護或生長款都會用。這款睫毛精華還真的挺「速效」的，大約使用14天就能感覺到效果，當然這時間是因人而異。它的使用方法非常簡單，就跟刷睫毛膏一樣，每天晚上睡前就當作保養的一部分使用，它能強健睫毛，也能修護受損，習慣使用假睫毛或接種睫毛者更需要用它來保養。

讓睫毛全方位持續向上捲翹

S型曲線刷頭與星形纖維

Fasio的睫毛膏相當齊全，防水效果更是易暈染族群的最愛！從黑色的纖長款、濃密款，到白色的捲翹長及捲翹濃，一直到這款紅色的廣角捲翹濃功能，應該已經到了最高境界了吧！而且我常形容Fasio睫毛膏能讓睫毛「炸開」，這是連接種睫毛都做不出的效果，妝感很驚人！它的高度纖長及濃密效果主要運用了有空隙的星形美睫纖維，能跟真睫毛緊緊黏合，細細的S型刷頭更好上手，不容易沾到肌膚，輕鬆刷出任何角度都美的睫毛。

 # Fasio 超廣角捲翹濃睫膏

 # 容量：7g／建議售價：NT$329

充分展現睫毛性感與電力

黑亮、不糾結又極具彈力

首先它的螺旋瓶身就很特別，經過貼心計算手握度的彈力曲線外型，讓上睫毛膏時的手握力道拿捏更準確，另外瓶身曲線面所反射透出的光澤也代表想呈現的睫毛妝效。資生堂首度使用全新極黑珍珠光，在刷上睫毛膏後，能讓睫毛根根充滿光澤又亮麗，加上濃郁飽和色彩，使睫毛捲度也更加凸顯。成分中還添加了捲翹蠟與彈性蠟，就算沒有刻意夾翹睫毛，也能刷出扇形美睫，弧型刷頭能有效從根部均勻塗刷，連不易照顧的細小睫毛也能精確完妝。

 # SHISEIDO資生堂 時尚色繪尚質羽扇睫毛膏

 # 容量：8ml／建議售價：NT$980

完美捲翹弧度越刷越完美
依亞洲人眼型設計刷頭彎度

我用睫毛膏真的很挑，因為刷別人的睫毛並非像刷自己那麼簡單，不然為什麼彩妝師們每支睫毛膏都還要「自行彎折」出最好的角度？首先，Dolly睫毛膏的刷頭很細緻，能精準又安全的刷到每根睫毛，彎度更是依據亞洲人眼型設計，捲翹定型刷頭簡簡單單就能刷出完美捲翹弧度，睫毛膏液也很濃厚，照樣刷出濃密且纖長的完美扇形，重複疊刷不結塊而且越刷越美，已經用掉很多支了！

CHIC CHOC 電眼Dolly睫毛膏

容量：8.5g／建議售價：NT$550

一刷即釋放巨星濃睫魅力
經典雙管黑白雙色兩步驟

模特兒的睫毛情況各式各樣，加上每次工作的妝感都有著不同需求，在睫毛的自然與濃烈之間，我就得準備睫毛底膏類產品，先幫睫毛打底後，更容易呈現出較明顯的妝感。話説巴黎萊雅很早就推出了這種雙效睫毛膏，非常方便，平常使用一般黑色端「雙睫無盡纖長」刷頭，需要的時候再以白色端「雙睫極致濃密」來事先加強，而且白色端不止是打底，它還添加了七種精萃油，也是在幫睫毛做修護保養隔離，而且現在越來越多人接種睫毛，記得要接睫毛就要先養好睫毛，這樣才不會最後變成眼部禿頭。

L'OREAL PARIS巴黎萊雅 巨星濃長雙效睫毛膏

容量：6.8ml╳2／建議售價：NT$485

這麼可愛又有創意的設計，很難相信是來自倩碧，可是倩碧近期的產品都很吸睛是真的！這款睫毛膏有可愛的各種睫毛圖樣，還有個小指針，睫毛有1自然、2纖長、3濃密三種款式，只要轉動瓶身上的指針，就能控制睫毛膏沾量，完成你所選擇的各種睫毛風格，白天黑夜、平日週末所有睫毛妝容一支搞定，有沒有這麼人性化啊！除了有趣方便，還能持久24小時不暈染脫落，更方便的是用溫水就能輕鬆卸除，女孩們一定要人手一支！

CLINIQUE倩碧 魔法轉轉變妝睫毛膏

容量：9.5ml／建議售價：NT$990

goods
#14

讓你的睫毛濃密又纖長

全效配方與纖長馬毛刷頭

BOBBI BROWN
濃麗全效睫毛膏

容量：6ml／
建議售價：NT$1,050

Bobbi Brown總是為她的產品提出美麗哲學，例如這款睫毛膏對她來說則是：「美麗其實很簡單，只要忠於妳自己」，是的！這款睫毛膏看似簡單，但全效配方可讓睫毛增長與濃密一次完成，使用後睫毛明顯增長、濃密還根根分明，不會暈染、結塊，效果持久，睫毛果然擁有「濃麗」完妝效果。另外全新滋潤配方，刷起睫毛更柔順，成分溫和安全，戴隱形眼鏡者也可以安心使用，刷頭更是運用了特殊濃密纖長馬毛設計，讓增長與濃密更到位。

goods
#15

睫毛膏界中的搖滾巨星
獨創吉他刷頭讓妝感更完美

看它的Logo就知道，這是一個專門研發眼線、睫毛膏及假睫毛的品牌，包括睫毛的滋養液等等，產品線完整而且獲獎無數，尤其是我要分享的這款搖滾巨星睫毛膏，它整個設計就像搖滾巨星，仔細看它的刷頭，像不像是一把吉他？圓球狀刷頭前端的部分可局部加強很難處理的眼頭、眼尾及下睫毛，另外還送一個保護蓋，可以擋在睫毛後方，盡情的從根部開始刷睫毛，可以快速讓睫毛達到濃、捲、長的完美效果。

 # EYEKO 搖滾巨星睫毛膏

 # 容量：8ml／建議售價：NT$1,200

 # KANEBO佳麗寶 Lunasol飛翹濃魅睫毛膏SV

 # 容量：7.5g／建議售價：NT$1,050

打造根部濃密、尖端纖長
濃密與根根分明兼具

Lunasol的常態款睫毛膏總共有三款，這款飛翹濃魅是我最常用的，因為刷頭細，上下睫毛都很好刷，尤其是在幫Model上妝時就很容易操作，也因為刷頭細，可以刷出根根分明不糾結的睫毛，但一開始以為這種刷頭可能會不夠濃密，但是效果居然相當完美，因為濃密捲翹蠟可以讓睫毛根根分明又濃密，而且溫水就可以輕鬆卸除，已經用完好幾支了。

goods
#01

加深臉部輪廓立體感
利用眉毛與鼻翼的光影交錯

Integrate真的很有創意,用過這麼多眉粉盒,沒看過還搭配T字部位的打亮色,所以這款眉粉盒除了照顧到你的眉毛,還能包辦鼻影、眼影、打亮,只要一盒就能讓臉部整個變立體,太划算了!難怪外包裝上的廣告語寫的是「不可思議的神奇小顏」。使用方法從左至右,先以打亮色刷於T字,再使用茶色於鼻影位置,也可以加強眼摺部位,接著用淺色眉彩於眉峰,再用深色眉彩於眉尾,只要五官立體了,整個人就有精神了。

INTEGRATE 立體光效四色眉粉盒
容量:2.5g／建議售價:NT$290

goods
#02

OL及懶人一族的好物
簡單三步驟完成自然眉妝

3合1主要指的是眉筆、眉粉及眉刷合而為一的設計，我還挺愛用這種多功能眉筆，先用眉筆勾畫出眉型，再以眉粉填色，最後用眉刷掃一掃均勻眉色，簡單三步驟就可以完成自然眉妝，絕對是繁忙OL及懶人一族的好物！其實很多人畫眉毛都只用一種工具，眉筆控往往會勾出生硬眉型，眉粉控又無法修整出完整輪廓，具有平衡感的眉型才能讓整體表情加分。。

CYBER COLORS 3合1立體塑型眉彩筆

容量：0.34g／建議售價：NT$480

goods
#03

適合偏愛自然眼妝的你
一盒五色功能三合一

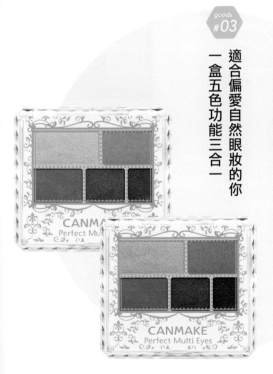

它其實是不含亮片的霧面眼影盤，加上所推出的兩款顏色組合為紅棕色及黃棕色系，所以同時也可以使用於眼線及眉毛，三合一功能，所以叫眉影盤，不佔空間，只要一盒就能搞定！有五個顏色，眉毛可以使用的是下排中間D色。含有抗水效果的油性成分，還有荷荷芭油、葡萄籽油、洋甘菊、七葉樹子萃取和植物角鯊烯萃取等美容保養成分，粉質緊緊依附肌膚，維持鮮明眼妝數小時，還附有鏡子與雙刷頭。

CANMAKE 完美霧面眉影盤

容量：3.3g／建議售價：NT$380

不論是畫線或補縫隙
都是能與專櫃並列的好物

這種細細的免削式眉筆最好操作了，而且光是開架品就已經很好用，就算是彩妝工作中的大量消耗品也不心疼，會一次買十支以上備用！它的筆芯觸感滑順好描繪，不論是描眉毛的框線、或是以假毛流的筆觸來填補空隙都非常好用，成分中還添加維他命E，能修護眉部肌膚，還能抗皮脂與汗水。本來想說它已經很便宜，但居然也附了眉刷，真心覺得非常划算。

 # Za 旋轉眉筆
 # 容量：0.17g／建議售價：NT$180

 # KATE 造型眉彩餅
 # 容量：3g／建議售價：NT$330

濃中淡三色組合眉彩餅
眉毛、鼻樑都能創造陰影

不管是多完美的眉型，都不適合一個顏色畫到底，眉毛將會失去立體感！這款眉彩餅有濃、中、淡三種不同的咖啡色，暈染用的工具除了眉刷還有鼻影刷，沒錯！鼻影其實由眉頭往下延伸，如果沒修飾好鼻影，等於整個眉妝不夠完整，整個眼部的輪廓也會不夠立體。使用訣竅是將上、中色混合，輕描於眉毛整體，取最深色從眉峰往眉尾描繪纖細線條，最後用鼻影刷沾取最淺色，輕輕從眉頭下方順著鼻樑側邊淡淡塗刷即可。

goods #06

輕鬆自然修飾眉色
濃眉也可均勻潤色

有時全臉彩妝都完整了，卻疏忽了眉毛也該好好整理一下，這樣很美中不足！而染眉膏是最方便的眉毛彩妝品，這款染眉膏能輕鬆修飾眉色，還擁有優越的持色力，不用擔心逛個街眉毛就沒了，但以溫水又能簡單卸除真的很方便，防汗防水防油防摩擦完全適合亞洲氣候，而且染眉劑不黏膩也不會僵硬，能讓毛流自然呈現，濃眉者最需要人手一支。它的刷頭是圓滑小巧的球狀眉刷，不易沾染肌膚，如果有搭配眉筆液、眉筆或眉粉時，染眉膏一定是最後使用。

KOSE丰靡美姬幻粧 自然持色染眉膏
容量：7g／建議售價：NT$430

植村秀 武士刀眉筆
容量：4g／建議售價：NT$770

goods #07

精準勾勒百變眉型
武士刀鋒，經典傳奇

每個彩妝師的化妝箱都有武士刀眉筆，因為它是經典，是藝術品，是最佳上妝工具，擁有這款眉筆，還要學會如何削出武士刀筆頭，因為這是好用的關鍵。當然櫃上也有削筆的服務啦，但自己來也可以修身養性。這支筆本身是以香雪松製成，有天然的香氣，而削成武士刀形狀，主要是因為筆尖如同扁平刀鋒的話，能增加筆芯面積，讓筆頭保持更持久的銳利度，才能重複精準的畫出根根分明的眉毛，這支筆真的是擁有好多學問。

簡單描繪出自然眉型
立刻展現神采奕奕的印象

旋轉免削式的眉筆是我慣用的類型，描繪眉型的框線時非常好用，它的筆蕊軟硬適中又細緻，快速畫出自然眉型，還可以一根根順著眉型畫出仿毛流。成分中含持久定色臘，所以不易暈染、眉型色澤持久，不易脫落，更特別的是、它的筆蕊可以自由更換，更換不同色調就能呈現不同眉色，還可以搭配眉粉暈染出更完美的眉型，尾端還有最後修飾專用的眉刷。

CHIC CHOC 電眼挑眉筆

容量：0.1g／建議售價：NT$800

sisley 柔緻植物眉筆

容量：0.55g／建議售價：NT$1,700

超細、超滑順的眉筆
讓眉型更立體自然又持久

非常重視天然保養成分的Sisley，連彩妝品成分也是保養等級，包括唇膏、眼線及粉底等等，這款植物眉筆也不例外。這款具保養效果的眉筆，使用起來筆觸更滑順，顏色也更持久服貼，成分中還使用了相思木蠟、蜂蠟與棕梠蠟等等，而且它的筆蕊直徑小於一般筆蕊，超精細微形筆身也很好握，使用時更好掌控也更容易勾勒、描繪出精緻眉型，連仿毛流的細細線條感也沒問題！但要特別注意的是，也因為成分很天然，所以建議大家畫完之後再輕掃一些蜜粉或粉餅，就像幫眉毛定妝一樣，不然有時候會很快就「落漆」。

打造出升級版的眉妝印象
雙頭設計讓上妝也是樂趣

只要有在化妝的人都希望自己可以打造出自然有層次的眉妝，這支很有趣，一邊是用扁平筆刷型態，可一直重疊填補眉毛空隙，簡單就能畫出根根分明的眉毛，而另一邊是可以調整眉色的染眉膏，特殊彎度的小刷頭讓你更好調整毛流，隨便來回刷一刷就很有立體感，顏色選擇比其他品牌都要多，這樣在上妝的時候就可以真的跟著髮色做變化。

RMK 雙效眉采
容量：5.4g／建議售價NT$1,400

KRYOLAN歌劇魅影 3D立體五色眉粉
容量：7.5g／建議售價：NT$1,700

可隨著髮色改變眉色
多彩色調色盤概念

歌劇魅影有關「調色盤概念」的產品本來就很厲害，像是之前推出的百分百調色幻顏盤，光影塑型三效粉霜等，都是調色盤設計，可以調出適合自己肌膚的顏色，而這款眉粉盤共有5個顏色，除了可以讓眉色更立體，還可隨著髮型及髮色變化，隨心所欲疊色暈染，創造出自然服貼、飽和、持久度百分百的魅力眉型。這款眉粉盤的粉質也具有抗暈染、持久、不易脫妝功能，色彩更是非常飽和又顯色，中間提亮色放在眉頭下凹處可以自然創造立體鼻樑。

part 1
小資美麗
我最愛
NT$**2000**以下

goods
#01

一筆繪出時尚唇型
與漸層渲染的浪漫邂逅

Za自從日不落唇膏推出後，唇彩新品整個大進擊，被喻為與專櫃唇彩同等級的唇彩，Za唇膏突然間變成開架CP質超高的彩妝，甚至很多消費者會每個顏色都入手，像漆光唇釉就很搶手；我個人大推這款唇彩筆，應該是說，最近各大品牌都推出了這類使用上非常便利的唇筆，這款唇彩筆有5個顏色，從紅、橘、桃到紫色都非常顯色，使用時故意不要塗到唇緣，邊緣的色料會自然渲染，這樣就能毫無技巧的畫出漸層唇彩。

Za 超出色豔遇唇彩筆
容量：3g／建議售價：NT$290

#真♥不諱

#Ming Chuan Lee

goods
#02

給你無法抗拒的粉嫩雙唇
粉愛變色因子獨創自我唇色

這款護唇膏一推出，就出現在所有美妝保養編輯的化妝包中，因為80年代的普普風搭配螢光色系瓶身包裝很可愛，而且還有八種不同的水果味道，其中野櫻桃最受歡迎；成分中添加了四項完美保養配方，包括能促進真皮層膠原蛋白增生的積雪草精華，所以能讓雙唇呈現BABY般的Q嫩，後來又推出兩款嫩彩系列，有粉櫻及粉桃色，粉愛戀色因子可以讓雙唇隨著溫度的不同變換顏色，讓雙唇瞬間擁有最美最自我的唇色，所以偽素顏不能只管底妝，加上這一點小心機才是真正大內高手！

＃MAYBELLINE媚比琳 寶貝變色護唇膏(嫩彩系列)

＃ 容量：4.5g／建議售價：NT$99

goods
#03

絕色霧感誘、魅、真！
席捲歐洲好評如潮

總共推出四款顏色，是最先推出霧感唇釉的開架品牌，一推出立刻在FB上大洗版，歐、美、日、台部落客好評如潮！成分中添加了超顯色「Ultra HD極限絕色科技」，質感輕盈，獨有100%無蠟凝膠技術，而且持久不脫色、保濕水潤，包裝也很時尚俐落，使用的時候還有芒果奶油及香草芬芳，香香甜甜難怪大受女孩們歡迎！也因為它是唇釉型霧面唇彩，所以擔心霧面唇膏太乾的人全都往這款唇彩一面倒，算是大大滿足女孩們對霧唇的願望。

＃REVLON露華濃 HD超霧感唇釉

＃ 容量：5.9ml／建議售價：NT$360

化身眾人矚目的超級巨星
一抹雙唇閃耀金色光芒

這系列的唇膏完全擄獲我心！它稱之為巨星不是假的，之前所推出的玫瑰珍藏版巨星唇彩就已經很強勢，這次再推出唇膏加唇釉限定版共七色，依然請了七位巨星來為各色唇彩演譯，還以她們的名字為唇彩命名，巴黎萊雅的氣勢真的太強！以巨星唇膏來說，它真的加入了99%高純度24K金緻微粒，所以唇彩可以閃耀著金色細緻漸層光芒，整個超華麗，難怪在網路上討論度超高，我也是被部落客們燒到不行趕快入手的！

L'OREAL PARIS巴黎萊雅 24K金緻奢華巨星唇膏
容量：3.7g／建議售價：NT$385

還擁有保濕與防曬功能
遇到雙唇會漸漸變色

這個產品還挺有意思的，看起來是普通的透明唇蜜，於雙唇塗抹一層後，等一下下，透明唇蜜就會逐漸變成粉紅，時間越長還會越鮮豔喔！主要是因為唇蜜成分能與雙唇的濕氣、水氣交互作用，當色彩轉化成喜愛的顏色濃度時，即可擦去多餘的唇蜜，或保留鮮豔感，隨你自行控制。效果透明自然不黏膩，還含有92%以上的美容滋潤成分，能維持雙唇滋潤水嫩。這麼有趣的唇蜜居然也能防曬，在趣味中不失對雙唇防護的重視。

CANMAKE 只為妳唇在
  變色唇蜜 SPF15 PA+
容量：3g／建議售價：NT$340

goods #06

讓雙唇十二小時無懈可擊
半霧絲滑質地及潤澤感

戀法魔幻經典唇彩可以說是全球賣翻，很多同樣身為彩妝造型師的朋友，都會在臉書上分享最愛的顏色，尤其是「紅裙搖搖」！這款「12小時」是戀法唇膏的延伸，目前只推出兩款經典紅色，必買色當然是「勃根地紅」囉！「12小時」指的是這款唇膏可提供長達12小時無懈可擊的絲滑及滋潤感，質地柔順好塗抹，顯色度高，色澤一抹即緊貼雙唇，各種唇色都能上手，同時添加乳油木果油及蘭花萃取物，讓半霧面的完妝效果完全沒有唇紋困擾，值得入手。

\# BOURJOIS PARIS妙巴黎
12小時戀法魔幻經典唇膏
\# 容量：3.5g／建議售價：NT$395

goods #07

如同用了專櫃千元唇膏
上質霧感於雙唇化開

開架又極具時尚美感的媚比琳唇膏，質感優，價格非常親民，想要一次多入手幾個顏色都不會心疼，遇到藥妝店打折還可以多選幾色，CP值極高。這次的新品總共有18色，親膚的柔霧質感，但質地卻像在雙唇融化的天鵝絨般，不用擔心霧面唇膏會太乾的問題，因為成分中添加了獨特花蜜精華，顯色度極高，還添加了兩倍柔霧顯色粒子，顏色能精準呈現在雙唇上，這種上質霧感會讓人以為你用的是專櫃千元唇膏喔！

\# MAYBELLINE媚比琳極綻色柔霧花蜜唇膏
\# 容量：3.9g／建議售價：NT$360

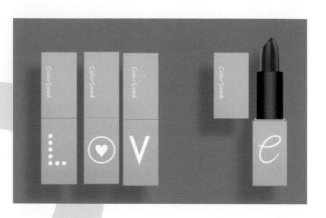

不用再擔心將口紅吃下肚
100%天然植物配方

ColorSeed
滋潤口紅天然唇膏

容量：3.6g／
建議售價：NT$398

外在玫瑰金金屬管好吸睛，內在唇膏的質地滋潤，成分天然舒適柔和，卻依然能達到鎖色持久效果。ColorSeed和大品牌生產商合作，經過一百多道嚴格的製作和檢驗工具，並採用100%天然植物配方，例如葡萄籽、可可、向日葵等植物油脂提取物，讓雙唇及身體遠離不良成分的危機，畢竟、據說女性一生要「吃掉」3.6斤口紅，口紅存在重金屬含量超標問題不可忽視，天然成分會成為安全的主流。

讓你顛覆對霧唇的想像
前所未有的舒適感

一開始以為這款唇膏所謂的「氣墊」會有海綿輔助上色之類，結果不是，它的氣墊特色主要是在使用於雙唇時，成分中添加的空氣球狀微分子，會在雙唇表面形成綿密彈力網，包覆住雙唇，主要可以解決霧面唇膏容易因乾燥而造成的唇紋問題，讓雙唇感覺柔軟有彈力。這款唇膏有六個顏色，顯色度高，持久服貼，成分中還添加了葵花籽油及荷荷芭油，可增加唇彩的滋潤度。

MARY KAY玫琳凱 氣墊霧光唇膏
容量：3.6g／建議售價：NT$880

goods #10

能讓你超有「唇在感」！
它的顏色就是自然又漂亮

這是雅詩蘭黛的第一支精品唇膏，身邊使用過這款唇膏的朋友都說：「它的顏色很自然很漂亮！」這樣就夠了，消費者最喜歡的就是能讓自己感到自在的唇膏顏色。獨家霜狀質地包裹著驚人的立體濃密色彩，除了顯色，還能讓雙唇長效保濕持久潤澤，性感嘟唇能讓人超有「唇在感」，更是每個女人「上鏡妝」的必備首選，這款唇膏極顯色、極絲潤與極奢華，超美的！

ESTEE LAUDER雅詩蘭黛
絕對慾望奢華潤唇膏
容量：3.5g／建議售價NT$1,100

goods #11

優雅及保養效果同步提升
近來常聽說被用完的神唇膏

SUQQU的唇膏最吸引我的除了妝效外，還有命名，如同來到京都一般，每個名字都充分運用了日本漢字來形容顏色，而且果然色如其名，這像這款大阪梅田限定的蜜柘榴，展現著高雅時尚的韻味。身邊的女性朋友誰沒有個十幾支唇膏，但最近發現會被用完的都是SUQQU，唇膏會被用完已經相當難得更何況是萬中之一，因為它的成分中添加了七種保養油，還嚴選高純度顏料，並採用無珠光配方，讓唇彩色澤可自然融入任何膚色並提亮，妝感更是優雅。

SUQQU 晶采豔色唇膏
容量：3.7g／建議售價：NT$1,900

它改寫了霧面唇膏歷史
添加植萃果油再也不乾澀

一想到laura mercier，大家都只記得喚顏凝露，很少人會對他們家的唇膏有印象，但身為專業彩妝品牌，唇膏一定是水準以上，只是在台灣比較少主推唇膏，一直到2016年才一口氣推出多款厲害唇彩，形象廣告也很吸引人，因此開始受到美妝保養編輯們的親睞。這款特霧戀人總共有12款顏色，成分中添加了高濃度天然植萃果油，所以不會產生霧面唇膏特有的乾澀，它改寫了霧面唇膏的歷史，擔心唇紋的人也開始使用，霧面比起亮面更能呈現出優雅。

laura mercier 特霧戀人唇膏
容量：3.6g／建議售價：NT$1,150

純粹無雜色讓你完全零色差
從一億種色彩中選出24色

這款全新的唇膏包裝就跟色號一樣很方便，而且全24色中居然還有黑色、深藍、深咖啡色及灰色等等，顯色度幾乎百分百，不管你原本的唇色如何，這款唇膏都能原汁原味呈現出它的顏色，更妙的是，原本你最忌諱使用的顏色，在零色差唇膏中又變得OK了，這就是零色差的厲害。這24個顏色主要請到超異能4D視覺者與M.A.C合作挑選，並且從她眼中所看到的一億種色彩中選出純粹無雜色的24種，所以這可都是萬中選一。

M.A.C 零色差唇膏
容量：3.6g／建立售價：NT$1,000

goods
#14

更是時尚後台的必備品
會隨唇部含水量變色的唇膏

這款癮誘粉漾潤唇膏是Dior後台彩妝必備品，它可幫妝前做打底，讓唇部水漾嬌嫩更容易上妝，之前推出的#001更是編輯們的心頭好，連護唇膏都是Dior的，有一種優越感，主是要效果非常好。這是Dior第一款可依每位女性唇部含水量，自動調節呈現出不同紅潤色彩的潤唇膏，適合各種唇色，也可以說它是變色唇膏，成分中主要添加了野芒果油、絲瓜油與 SPF 10防護配方，防護很重要，因為紫外線也會導致雙唇乾裂，#006紫莓色目前最熱門！

Dior 粉漾潤唇膏
容量：3.5g／建議售價：NT$1,150

goods
#15

所有彩妝師們皆愛用中
如同液態唇膏般滑順服貼

唇蜜般的質地卻能創造出極致絲絨霧光效，完全顛覆霧面唇彩一定會很乾的印象，而且形象圖還請到小S來演繹這款#400色及另一款#500裸粉色，讓這兩款顏色大賣。全系列目前有17個顏色，並分成五大色系，容易找到適合的顏色。使用感滑順服貼，主要是絲絨柔滑凝膠這個成分，如同液態唇膏一般，它用的霧面色料是4D的，所以能呈現出立體感，不管原本的唇色是什麼狀態，只要一抹都能立刻遮蓋並顯色，所以也是很多彩妝師們的愛用品。

GIORGIO ARMANI 奢華絲絨訂製唇萃
容量：6.5ml／建議售價：NT$1,200

 # 容量：1.2g／建議售價：NT$420

寬度設計是零失誤的亮點
漸層唇妝真的超簡單

CHIC CHOC的彩妝風格除了顏色一向非常鮮豔外，近年的品項都很有創意，小惡魔兩用眉筆就挺好用的，小惡魔俏唇蜜的袋子狀包裝也很有玩心，其實這些都來自台灣的設計團隊，有意思！這系列還有一款美唇筆，它是雙色唇筆，在2015年推出時可是非常有新鮮感，但現在看來還是很特別，因為它很細，不同於其他韓系品牌，所以使用時完全零失誤，嘴角處也容易上色，漸層唇妝一點都不難，而且它的顏色搭配很自然，總共五個顏色，值得推薦。

**# LANEIGE蘭芝
超放電絲絨雙色唇膏**

**# 容量：2g／
建議售價：NT$850**

打造嘟翹立體微醺唇
2：3超完美V型切割

之前推出的第一代雙色唇膏賣翻，除了推出新色還推出雙色眼影，只要一筆就可以完成漸層唇及眼影，而且外型及用法就像美工刀一樣很有意思！但是韓國品牌很熱衷於改良，再推出V型切割雙色唇膏，使用時，透明的護唇膏層朝外抹，就算失手也不會被發現，零失敗率！內層的唇膏色又相當顯色，所以就算第一次嘗試漸層唇的人都能馬上上手，而且成分添加了與明星商品晚安唇膜相同的滋養成分，使用時還有水果香，肯定又要賣翻。

內層的小唇型更是吸睛
內外層是兩種不同配方

這款唇膏最近太紅了，聽說紅到美妝保養編輯要商借拍照都沒貨！這款唇膏剛推出的時候實在是太吸睛，並非是因為雙色設計，而是它中間的顏色居然是嘴唇的形狀，而且內外層是兩種不同配方，外層是感溫護唇精華，擦上時能隨著雙唇溫度，釋放出五種護唇植物油配方，內層是晶透亮色粒子，能呈現出透明細緻的柔嫩唇色，而且用起來是甜甜的水果香味。這款唇膏只要拿出來用一次，就會捨不得收起來而每天每天用。

 # YSL 情挑誘吻雙色蜜唇膏

 # 容量：3.5g／建議售價：NT$1,350

強調女人的冒險節奏精神
加入精華乳霜的全新質地

這款漆光唇釉推出時，是一款前所未有的唇彩新質地，就像唇膏和唇蜜跨界大結合一般，總共有12個顏色，連瓶身也是黑色漆光材質很像精品，每個視窗都能看到唇釉的顏色。獨特質地主要是在成分中添加精華乳霜，所以用起來很像絲緞一抹融於雙唇般，滑順舒適又擁有高顯色度，而且比起一般唇釉還蠻持久的不易掉色。這12款顏色全都以音樂相關文字命名，像這款酒紅叫重音，其他還有龐克、電音跟幻音之類，想強調的是女人自我的冒險節奏精神。

#YSL 奢華緞面漆光唇釉

容量：5.5ml／建議售價：NT$1,200

#BOBBI BROWN 精萃修護唇膏

容量：2.3g／建議售價：NT$1,050

保養雙唇之餘不減妝感
添加五種天然植物油的唇膏

BOBBI BROWN本人表示因為她在上唇膏之前，其實都會添加他們家很有名的晶鑽桂馥保濕護膚油，因此才會誕生這款精萃修護唇膏，除了保養修護效果外，妝感也一樣不能放鬆。成分中結合五種植物油包括橄欖油、酪梨、巴巴蘇、荷荷芭和椰子油等等，協助鎖水以達深層保濕效果，再結合維他命C、E，使用時如同絲綢一般滑過雙唇，顯色同時還能改善惱人的唇紋問題。

一抹立刻有效填補唇紋
三倍絲滑霧感保濕科技

全新無色限粉霧唇膏這次特別請到范瑋琪來演繹，某天經過專櫃前時，看到好多年輕女孩在櫃上試色，可見這次推出的全21色很吸引年輕族群。以往霧面唇膏都會讓人又愛又怕，明知道流行但卻不敢用，因為一抹唇紋立現，但這款粉霧唇膏添加高濃度玻尿酸保濕成分、超鎖水分子釘及極潤澤天然防護因子，而且採用了絲滑霧感科技，所以一抹除了是霧面效果，還能立刻有效填補唇紋，屬於光滑粉霧的唇妝效果！終於可以放膽給它抹下去。

\# 植村秀 無色限粉霧保濕唇膏
\# 容量：3.4g／建議售價：NT$1,000

除了能立即填補唇紋
還能讓雙唇立即性感飽滿

這款保養型唇蜜含玻尿酸、海洋微珠及脂質氨基酸，能讓雙唇立即性感飽滿又豐潤。玻尿酸能吸收外界水分，完全鎖住唇部水分子，海洋微珠能立即填補唇紋，讓雙唇飽滿、平滑，唇部立即豐腴性感，脂質氨基酸能刺激膠原合成，保護彈力蛋白，保護纖維母細胞不受自由基攻擊，想要擁有性感雙唇，就要讓雙唇擁有跟臉部肌膚一樣的保養成分。它可以單擦，也能使用在唇膏上，讓唇妝感覺更亮澤，本季仍以唇部為妝感重點，所以唇保養也很重要。

\# Dior 豐漾俏唇蜜
\# 容量：6ml／建議售價：NT$1,150

goods #23

純霧唇妝幻變無色限
Mix & Matte玩霧少女

這款唇膏極受到少女們的歡迎，除了效果及外型，以專櫃品牌來說，倩碧的唇膏單價還算親民。柔霧唇膏瓶身就是唇膏本身的顏色，一字排開就像色票一樣精彩，以往傳統的霧面唇膏上色後，都會因為太乾讓雙唇產生明顯唇紋，也很容易脫皮，但這款唇膏除了顯色度百分百外，質地其實是乳霜感，滑滑柔柔的很好上色，保濕打底配方還能鎖住水分，使唇妝不乾澀、呈現如絲絨般的柔霧妝效，總共有八個鮮亮色選。

CLINIQUE倩碧 紐約普普柔霧唇膏
容量：3.9g／建議售價：NT$750

goods #24

讓唇凍也能顯色又持久
採用三層分離技術

這款唇凍剛推出時還挺有話題性的，明明是需要常補妝的唇凍卻有持色效果，因為它是一款具有唇型記憶效果的濃縮精華唇凍。它運用了「三層分離技術」，抹上唇凍後抿一下雙唇，過一下下成分就會分離，色料會服貼於雙唇，唇油會浮上來形成唇膜保護層，除了可以幫助顯色還能持久。美容保養編輯還在影音中做實驗，使用後過一下子再喝水，杯子上只會沾到極少量的唇凍，真的很不錯。顏色鮮明但保有心機風格的日式優雅，瓶身設計也很討喜。

SHISEIDO資生堂東京櫃 心機星魅口紅唇凍
容量：6g／建議售價：NT$820

goods
#01

讓雙頰綻放花朵般微笑
柔軟又明亮的腮紅

這款修容盤真
的是開架之花，像是藝
術品一樣的浮雕花朵設計怎麼捨得用
呀！所以剛開始用時都很掙扎。這是
CANMAKE超人氣腮紅系列再次推出
的霧面款，霧面粉末附著性很強，因
為選用了球面氟金雲母，還能確保妝
感透明不厚重，另外還添加了四種美
容成分，兩種植物萃取及三種植物油
（大馬士革玫瑰花、玫瑰果、野薔薇
果），有杏桃、玫瑰及橘子醬三種顏
色組合，還附有超柔軟的腮紅刷。

CANMAKE
花漾戀愛修容組（霧面）
容量：6g／建議售價：NT$410

快速創造出3D輪廓
妝前妝後都可使用

很多人對「打亮」會有恐懼感，因為一不小心亮過了頭，就會變成白鼻心！這款打亮修容棒大大降低了不易使用的感覺，因為它只要轉出修容棒約2 mm，在需要修飾的部位抹一抹，用指腹推一推就完成了，需修飾的部位為臉部輪廓的受光面，像是鼻樑及顴骨等，將打亮修容棒使用於T字部位讓鼻樑更高挺，眼尾外C、眼下、下巴也可以輕輕刷過，讓妝容立體自然明亮，還可以用於眼窩能當作眼影基底，是非常方便的便利小物。

CEZANNE 光采打亮修容棒
容量：5g／建議售價：NT$300

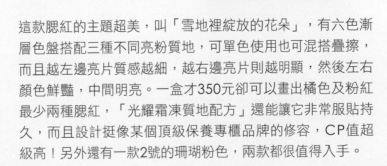

INTEGRATE
璀璨花彩六色腮紅

容量：3.5g／建議售價：NT$350

一盒多色操作CP質極高
六色漸層色盤三種質地

這款腮紅的主題超美，叫「雪地裡綻放的花朵」，有六色漸層色盤搭配三種不同亮粉質地，可單色使用也可混搭疊擦，而且越左邊亮片質感越細，越右邊亮片則越明顯，然後左右顏色鮮豔，中間明亮。一盒才350元卻可以畫出橘色及粉紅最少兩種腮紅，「光耀霜凍質地配方」還能讓它非常服貼持久，而且設計挺像某個頂級保養專櫃品牌的修容，CP值超級高！另外還有一款2號的珊瑚粉色，兩款都很值得入手。

立刻呈現上鏡顏
對著鏡子快速拍拍

這款腮紅是以女孩最喜愛的馬卡龍為靈感，四款顏色也都是甜美風格，除了外盒的設計太可愛，吸睛的部分還有別上雙色蝴蝶結、有如棉花糖般膨鬆柔軟的粉撲，就連補妝的動作也會跟著很可愛！它的使用效果顯色又服貼，臉頰不會感覺到乾乾的，因為成分中添加了大量夏威夷果油，能讓雙頰持續有保濕感。很多女藝人在上通告前，都會從口袋拿出這款腮紅，對著電梯鏡子拍一拍，立刻呈現上鏡顏，是少女們的最愛。

MAJOLICA MAJORCA
戀愛魔鏡 粉嫩魔法腮紅
容量：7g／建議售價：NT$380

MAYBELLINE媚比琳
極深V小顏雙效修修筆
容量：3.7g／建議售價：NT$385

一筆實現小臉易容術
360度自拍零死角

這款雙效修修筆有意思，不知道的人還以為它是雙頭唇膏之類。為何混血兒般的3D臉龐那麼上鏡？其實概念很簡單，因為不管任何臉型，只要透過深淺光影的彩妝技巧與簡易的上妝步驟就可以差很大，以這款修修筆來說，先用淺色端先在T字、眼下、下巴部位打亮，接著用深色端於髮際線、顴骨下方、下巴外緣創造陰影效果，再用指腹或海棉推開就能讓你平板臉OUT立體臉IN，而且最妙的是就算妳大膽上色，推開來一樣可以蠻自然的，真的當妳自拍的時候就會馬上分出高下。

goods
#06

六色九格的排列組合方式

自由刷出二十種以上色彩

其實很多人喜歡吉麗絲朵腮紅，一開始都是因為附帶的頰彩刷，連我也不例外，因為感覺光是那把刷子就值回票價，這款新腮紅的頰彩刷則是另一種形式，還附有收納袋。外盒是扇形波浪滾邊加上阿拉伯式藤蔓花紋，再仔細看糖磚顏彩盤，它是以6色9格的排列組合方式巧妙搭配，能自由刷出20種以上色彩，色澤的濃淡度可依照當天的心情及穿搭自由混刷。

JILL STUART吉麗絲朵 粉彩糖磚顏彩盤
容量：5g／建議售價：NT$1,450

NARS 星燦奢華雙色頰彩
容量：6g／建議售價：NT$1,650

goods
#07

擁有華麗浮雕的互補色腮紅

讓修容充滿立體層次感

我跟這款腮紅初見面時就愛上了！它具時尚感的方形外盒與磁鐵開關的設計，跟以往的既有商品完全不同，一打開外盒看到的是擁有華麗浮雕的雙色腮紅，有的顏色很互補，有的則非常優雅，而且所有膚色都適合，感覺可以刷出充滿立體層次感的腮紅及修容。全6色，每一盒都能刷出不同個性的你。這款Jubilation最特別，屬於光澤感的色調，閃閃奪目。珠光金黃炫光色和珠光裸桃色能在完妝後，增添輪廓3D立體的閃耀層次感，如同落入凡間的天使。

早就以優秀發色度著名 最具RMK流派的彩妝品

#RMK 經典修容N
容量：3.4g／
建議售價：NT$1,100

比起充滿玩心的EX系列，最受消費者喜歡的就是基本系列
囉！總共12種顏色，這款經典修容N早就以優秀發色度著
名，而且常被人形容為「最具RMK流派」的彩妝品，只要
會刷腮紅幾乎人人零失敗因此大受歡迎，尤其是#02粉紅
及珊瑚色調這兩色，雖然說它的發色度高但又能完全與肌
膚融合，連最鮮豔的顏色都能擁有輕盈又柔和的妝感，另
外它的珠光很有品味，不誇張更不像出油肌，屬於好命肌
的光澤感，可單色使用，也可任意的搭配疊色使用。

珍珠星塵粒子泛出柔柔炫光 全手工烘焙製作的腮紅

#M.A.C 柔礦迷光腮紅
容量：3.2g／
建議售價：NT$950

這款腮紅是我化妝箱中一定不會缺少的基本款，因為它以
全手工烘焙製作，所以粉質非常細但又不會太軟，很容易
控制腮紅的使用量，不會讓你一次下手太重，可依想要的
效果層層堆疊，然後「迷光」主要是它的珍珠星塵粒子，
能在臉頰上泛出有點科技感的炫光，有珍珠般的潤飾效果
但又非常薄透輕盈。# Dainty總是會被我用到見鐵片，因
為它能呈現彷若由內而外透出渾然天成的粉紅好氣色，使
用時也不需要技巧，這款顏色更是消費者回購率最高款。

不挑膚色的澄淨腮紅
隨興更換顏色變換表情

這款腮紅的自然光澤與澄淨紅潤感，超適合亞洲人膚色，不用技巧隨性刷一刷就很好看，裡面微細珠光能馬上提亮雙頰，重點還不挑膚色，誰用都好看，有時候我會搭配不同對比顏色來增加妝感層次效果。

﹟KANEBO佳麗寶 Lunasol 晶巧柔膚修容餅 霓晶

﹟容量：4g／建議售價：NT$900

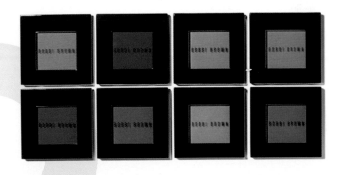

中性色加上明亮色層疊
打造獨一無二的腮紅色票

漾香腮紅總共有八個顏色，重點色與明亮色相間，從鮮豔的粉紅色、俏麗的珊瑚色到暖色調的磚紅色都有，bobbi brown建議底層可使用中性色調腮紅大面積刷上打底，再用一款明亮色調的腮紅刷在蘋果笑肌上，就可打造出絕佳好氣色。自己也可以組合出各種場合使用的腮紅色票，還可以再搭配同色系的唇膏，讓妝感簡單乾淨又很有特色。漾香腮紅屬於緊密紮實的粉體，建議使用大一點、蓬鬆一點的腮紅刷會更自然顯色。

﹟BOBBI BROWN 漾香腮紅

﹟容量：3.7g／建議售價：NT$1,100

讓眉型更搶眼
瞬間提升眼部輪廓

這是一支讓眉眼部位瞬間炯炯有神的奇妙法寶！能瞬間讓人看起來年輕有朝氣，有櫻花粉及香檳金兩色，分為自然霧面與華麗珠光兩種妝效，乳霜質地只需沿著眉骨輕滑，用指腹推勻，即提亮眉周線條，瞬間提升眼部輪廓後，就能擁有減齡10歲的效果喔！使用時可先提亮眉骨、立體輪廓，再搭配還我美眉膏營造出豐盈雙眉，除了眉骨，也能使用在想加強的妝容亮點。

 # benefit 揚眉吐氣筆
 # 容量：2.8g／建議售價：NT$880

綻放令人欣喜的宇宙光芒
三合一智慧型話題彩妝

這款彩妝可妙了！一共推出三款光綻色調，有琥珀色、玫瑰色跟蜜桃色，有趣的是，它不是一般的修容彩妝，它一支就有兩個顏色，基本上是修容跟腮紅合一，但它其實是三合一的智慧型彩妝品，因為除了修容跟腮紅還能打亮T字部位，另一端還附有材質很舒服的軟毛刷，只要塗抹在需要的部位再用刷子刷勻即可，用指腹也行，連鼻影的部分也可以使用。

 # BY TERRY Techno Aura霓光幻彩專業完美光綻塑顏棒
 # 容量：7.3g／建議售價：NT$1,850

#彩妝／腮紅修容

#LADURÉE 浮飾玫瑰經典腮紅

容量：5g（蕊）／建議售價：NT$4,100
（蕊NT$2,900／盒NT$1,200）

goods
#14

被編輯稱為夢幻逸品
擬真的花瓣腮紅令人驚豔

這是近期唯一被美妝保養編輯稱之為夢幻逸品、如同寶物一般的彩妝，在日雜上翻到這款產品的介紹時還覺得很不可思異，感覺很不真實，這些非常擬真的花瓣真的是腮紅嗎？怎麼刷？能用嗎？然後我到日本時終於見到了「本人」，它就像是一個實用的裝飾品，而且顏色刷起來真美，只是第一次很難下手，刷個兩三次就不會捨不得了，畢竟它的出現就是要讓你的臉頰美得像花瓣，而且刷起來還能真的會聞到玫瑰香味。

goods
#15

十八世紀後期的超奢華逸品
好像浮雕頭像寶石胸針

18世紀後期，前衛時尚風格的貴族女性們被稱為Les Merveilleuses，這款同樣為夢幻逸品的腮紅被設計成浮雕頭像寶石胸針形狀，打開盒蓋，裡面的腮紅也有Les Merveilleuses浮雕頭像，太夢幻了，而且用到最後，頰彩盒底部還會再出現另一個美麗浮雕，這真的很讓人失控，另外附上的腮紅刷質感也很好，抓粉力很強。當時最推薦的顏色不是甜美色，反而是這款以拿破崙第一個妻子命名的Joséphine，飄逸甜美氣氛的紫羅蘭粉紅意外適合亞洲膚色。

#LADURÉE 浮飾仕女頰彩N

容量：4g／建議售價：NT$2,150

goods
#01

業界中價格實惠的好物
可當修容刷也是蜜粉刷

這款刷具可是CC鎮店之寶,更是櫃姐們的最愛,因為它便宜!好用!方便攜帶!伸縮收納的設計還能保持乾淨,不易讓刷毛受損,更不會弄髒化妝箱!刷毛材質為頂級山羊毛,擁有絕佳彈性及粉末的沾取力,可當修容刷,也可當成蜜粉刷使用,任何粉體都能均勻服貼臉部肌膚。還有它不易掉毛的特性,讓它成為目前業界裡,價格實惠,質感又極優秀的彩妝道具。

CHIC CHOC 修容刷N(攜帶型)
建議售價:NT$580

CHIC CHOC 煙燻刷
建議售價:NT$480

goods
#02

結合傳統手工製筆技術來製作
承襲白鳳堂百年製筆精華

百變玩家專業彩妝刷具的CP值非常高,CC的價格本來就親民,但這組刷具居然跟日本百年製筆廠「白鳳堂」共同研發。來自日本廣島的白鳳堂可是全世界各地專業彩妝師指定的品牌,CC總共推出了八支。白鳳堂為CC製作的刷具筆毛不經過機器裁剪,而是由老工匠手工扎出筆束,再不斷將不整齊的刷毛摘除梳理到最後成型,所以每次在使用我最愛的這支煙燻刷時,都會想起這製作過程,難怪刷頭的超強馬毛這麼有彈性,讓眼妝加分了不少。

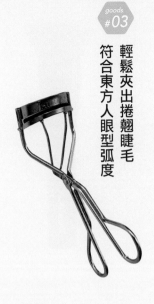

輕鬆夾出捲翹睫毛
符合東方人眼型弧度

這款資生堂睫毛夾一直是我的最愛，雖然我不需要夾自己的睫毛，但我不知道夾過多少人的睫毛，而且本人的夾睫毛功力可說是有口皆碑。這款睫毛夾彎度設計完全符合東方人的眼型弧度，因為相對來說東方人的眼型比較平，眼皮也比較容易泡腫，用這把可以輕鬆順手夾出自然捲翹的睫毛。一般如果弧度太圓的睫毛夾是無法完整順利夾到全部的睫毛，常常必須拉動眼皮，這樣就更容易夾到肉，而且也很容易滑手，如果妳想要打造電眼雙睫的人可以試試這把！

＃ SHISEIDO 資生堂東京櫃 資生堂睫毛夾
＃ 建議售價：NT$150

整個底妝變得更完美
將臉上多餘的粉輕刷

真的！好用的工具可以幫彩妝保養大加分～雖然大師們都說「手」才是最好的工具，但為了讓彩妝作品更完美，有時還是要考慮到不能過度拉扯肌膚，所以對我來說工具就很重要。這款刷具叫「整容刷」但其實功能很簡單，就是用來將臉上多餘的粉輕刷掉，不管是眼影粉或蜜粉，以往我們都會用蜜粉刷來當成清潔刷，但有時會沾到不同顏色的粉體，清潔也很麻煩，這款刷具的材質輕柔，刷起來的觸感很舒服，整個底妝也因為它的加入而變得更加完美。

＃ IPSA 臉部整容刷
＃ 建議售價：NT$500

如羽毛般波浪刷毛
瞬間提亮全臉光采

30道手工製作，合成纖維特殊材質細緻柔軟，同時具備抗菌效果，波浪狀刷毛特別適合沾取粉末狀底妝，而且刷毛極具彈性，按壓使用能達到蜜粉撲的遮瑕效果，若要打造輕透底妝，可以畫圈的方式使用，接沾取粉狀底妝後從內而外大面積刷上，如羽毛般輕柔的刷毛輕滑過臉龐，打造自然輕透妝感，若要有更好的遮瑕力，可從T字部位開始加強，瞬間提亮全臉光采。

sisley 輕透蜜粉刷
建議售價：NT$1,980

三十道手工極致工藝
展現薄透底妝妝感

可以搭配清盈柔膚粉底液一起使用！這款刷具最特別的就是擁有直向與波浪狀纖維刷毛交錯的設計，所以能適用於乾式或濕式等各種質地底妝品，除了緊實具有彈性的刷毛，特殊斜角設計，連臉部的小面積瑕疵也能輕鬆修飾。以粉底液來說，先將粉底液擠出適量於手背，粉底刷沾取，以T字部位為中心點往外刷，再輕輕來回刷勻即可，能快速打造出完美薄透無瑕底妝。

sisley 斜角底妝刷
建議售價：NT$1,980

#彩妝／工具

goods
#07

刷出飽滿渾圓的底妝
擁有完美的曲線與輪廓

配合海洋拉娜奇蹟修護底妝系列的推出，還設計了可以搭配粉底液、遮瑕及蜜粉的兩款刷具，一款是蜜粉刷，一款就是我特別想分享的這支粉底刷，它擁有能完美服貼臉部每吋曲線與輪廓的設計，讓上底妝時更精準，蛋型圓錐的刷頭可以讓局部底妝更服貼，豐厚的刷毛刷起底妝非常順手，以邊掃邊刷的動作刷出輕盈底妝，可依需求疊擦，也可用按壓的方式讓遮瑕效果更明顯，妝感也會顯得特別飽滿渾圓。

 # LA MER海洋拉娜 粉底刷

建議售價：NT$2,500

玩藝 0048

李明川的真心不騙
連國民造型師都在用，你更要用！大人氣、最口碑、無敵美力的國民美妝圖鑑400選

作　　　者／李明川
攝　　　影／趙志程（博思數位影像有限公司）
模　特　兒／梁沛妤、蕭瑋葶（伊林娛樂）
經 紀 公 司／伊林娛樂
責 任 統 籌／曹慧如、盧穎儀
化 妝 髮 型／楊令述
封 面 設 計／季曉彤（小痕跡設計）
內 頁 設 計／美樂蒂
文 字 整 理／袁觀玲
主　　　編／施穎芳
責 任 企 劃／塗幸儀
董 事　　長／趙政岷
總　經　理／趙政岷
總　編　輯／周湘琦
出　版　者／時報文化出版企業股份有限公司
　　　　　　10803台北市和平西路三段二四〇號二樓
　　　　　　發行專線　（02）2306-6842
　　　　　　讀者服務專線　0800-231-705、（02）2304-7103
　　　　　　讀者服務傳真　（02）2304-6858
　　　　　　郵撥　1934-4724時報文化出版公司
　　　　　　信箱　台北郵政79～99信箱
時 報 悅 讀 網／http://www.readingtimes.com.tw
電子郵件信箱／books@readingtimes.com.tw
時　報　出　版
風 格 線 臉 書／https://www.facebook.com/bookstyle2014
法 律 顧 問／理律法律事務所　陳長文律師、李念祖律師
印　　　刷／詠豐印刷股份有限公司
初 版 一 刷／2017年5月19日
定　　　價／新台幣420元

特 別 感 謝／

※本書所有產品之容量及建議售價皆為品牌原訂規格，正確資訊以通路實際銷售為準

李明川的真心不騙：連國民造型師都在用，你更要用！
大人氣、最口碑、無敵美力的國民美妝圖鑑400選 / 李
明川著.
-- 初版. -- 臺北市：時報文化, 2017.05
　面；　公分. -- (玩藝；48)
ISBN 978-957-13-7005-7(平裝)
1.化粧品 2.化粧術 3.皮膚美容學

　　425.4　　　　106006743

時報文化出版公司成立於一九七五年，
並於一九九九年股票上櫃公開發行，
於二〇〇八年脫離中時集團非屬旺中，
以「尊重智慧與創意的文化事業」為信念。

MA CHÉRIE
瑪宣妮

添加美容液成分

香り持続
一整天
沐浴在花果香氛中

FRAGRANCE
BODY SOAP
フレグランス ボディソープ
濃密パールハニージュレ配合

享受獨特的奢華沐浴時光　沙龍級的誘人甜蜜氣味
時刻沉浸於甜美新鮮的迷人花果香氛

 New!

日本原裝
花漾珍珠沐浴乳 | 無矽靈